Ulrike Aufderheide

Tiere pflanzen

Gedruckt auf
100% Recyclingpapier

Ulrike Aufderheide

Tiere pflanzen

Faszinierende Partnerschaften zwischen Pflanzen und Tieren

18 attraktive Lebensräume im Naturgarten gestalten

pala verlag

Danksagung

»Tiere pflanzen« kam mir in den Sinn während eines Gesprächs über den Unterschied von Naturgärten und Präriebeeten bei den »Naturgartentagen 2007«, einer Tagung des Naturgarten e. V. in Grünberg. Durch den Gesprächszusammenhang war die ungewöhnliche Begriffskombination den Umstehenden verständlich, in anderen Zusammenhängen erntete diese superkurze Beschreibung meines Hauptanliegens eher fragendes Stirnrunzeln.

Ich danke deshalb dem Wissenschaftsladen Bonn, dass ich im Rahmen des Projektes »Grün in graue Zonen« eine Broschüre mit diesem Titel schreiben durfte. Sie war die Keimzelle für dieses Buch und schnell vergriffen. In erweiterter Form erschien dann ein Sonderheft von »Natur und Garten«, der Vereinszeitschrift des Naturgarten e. V., mit dem langsam verständlicher werdenden Titel, zu dem auch weitere Autorinnen und Autoren beitrugen. Die einzelnen Kapitel dieses Sonderheftes wurden als Vierseiter aufgelegt und sind, wie das Sonderheft selbst, beim Naturgarten e. V. erhältlich. Dass sich dann der pala-verlag entschlossen hat, ein Buch zu dem Thema herauszugeben, hat mich besonders gefreut.

Ich wünsche uns allen, dass noch viele Tierarten als Botschafter für naturnahe Gestaltungen in den verschiedenen Publikationen ins Licht der Öffentlichkeit gebracht werden.

Pflanzentabellen für 18 attraktive Lebensräume im Naturgarten

Inhalt

Kann man Tiere pflanzen?

Die neue Ernte im Garten: Naturbeobachtung

Im Naturgarten pflanzen wir Tiere! Mit diesen Worten habe ich vor etlichen Jahren in der Diskussion mit einem bekannten Staudenfachmann meine Arbeit beschrieben. Und erntete großes Unverständnis. Im Laufe der Jahre bewährte sich dieser Satz aber immer mehr, gerade auch, weil er erst einmal ein Kopfschütteln hervorruft. Durch Kopfschütteln geraten die Gedanken vielleicht manchmal in Bewegung.

Natürlich pflanzen auch Naturgärtner erst einmal Pflanzen und nicht Tiere. Aber wenn wir das Ziel haben, nicht nur Pflanzen in unserem Garten anzusiedeln, sondern auch jede Menge Tiere, dann sind bei der Auswahl der Pflanzen nicht nur Blütenfarbe und Blütezeit, Blattform und Blattstruktur, Höhe und Lebensraumanspruch bedeutend, sondern ebenso wichtig ist auch, welche und wie viele Tiere damit in unseren Garten eingeladen werden können. Es erfüllt mein Herz mit Freude, wenn es dann geklappt hat und ich tatsächlich die Beobachtungen machen kann, die ich mir gewünscht habe. So wie sich andere Gärtnerinnen und Gärtner über die reiche Apfelernte oder den riesigen Kürbis freuen, den sie gehegt und gepflegt haben. Naturbeobachtung wird zur neuen Ernte. Ich plane, pflanze und freue mich darüber, dass ich das Ergebnis bekomme, weswegen ich mir die ganze Arbeit gemacht habe. Darin unterscheidet sich Naturgärtnern nicht im Geringsten vom Handeln aller Gärtner.

Das gilt auch für einen weiteren Aspekt: In Gärten wächst immer das Besondere, das, was außerhalb des Gartenzauns nicht zu sehen ist. Früher, als der enorme Schwund der Biodiversität noch nicht eingesetzt hatte, waren das besonders empfindliche und ungewöhnliche Pflanzen, Pflanzen aus fernen Ländern – was der Grund dafür ist, dass eine »Gartenpflanze« in der Regel exotischer Herkunft ist. Heute pflanzen Naturbegeisterte in vergleichbarer Weise auch besondere Pflanzen, aber eben einheimische Wildpflanzen. Diese kommen, im Gegensatz zu früheren Zeiten, außerhalb des Gartenzauns kaum noch vor: In den umgebenden Gärten dominiert exotische Massenware wie Kirschlorbeer, Glanzmispel, Thuja und Rasenmonokultur oder einfältige Steinwüste. Und in der freien Landschaft haben wir mit Kunstdünger und Herbiziden ebenfalls ein Teppichmuster aus Kulturarten ausgebreitet. Blühende

Bilder links: Während der Schachbrettfalter im Garten nur auftaucht, wenn es Vorkommen in der Nähe gibt, können wir das Rotkehlchen noch mit ziemlicher Sicherheit im naturnahen Garten erwarten.

Wegraine sind unter Asphalt verschwunden, Feldraine werden untergepflügt. Hierin liegt ein Hauptgrund für den ungeheuren Verlust an Biodiversität, den wir erleben müssen. Der Klimawandel wird dann auch in den letzten Refugien für weitere Verluste sorgen, denn wie sollen die Arten und Lebensgemeinschaften in diejenigen Regionen wandern, wo es in Zukunft das ihnen zuträgliche Klima gibt, wenn die Landschaft durch industrielle Landwirtschaft und Versiegelung für sie undurchlässig geworden ist?

Dies sind die Gründe, warum Naturgärtner einheimische Wildpflanzen in ihren Gärten ansiedeln, denn im Laufe einer Jahrhunderttausende währenden Evolution haben sich Pflanzen und Tiere miteinander entwickelt, gegenseitige Abhängigkeiten ausgebildet und sie passen nun zusammen wie Schlüssel und Schloss. Auch exotische Pflanzen können – mal mehr, mal weniger – von unserer einheimischen Tierwelt genutzt werden. Bei einheimischen Wildpflanzen können wir aber sicher sein, dass sie aufgrund der langen gemeinsamen Evolution Lebensgrundlage für viele unserer Tiere sind. Außerdem sind sie oft wunderschön und hochinteressant.

Pflanzen mit Naturbeobachtungsgarantie

In diesem Buch sollen diese Beziehungen für einige Tiere und Pflanzen dargestellt werden. Zum Glück gibt es noch Tierarten, die so häufig sind, dass wir sie auch tatsächlich erwarten können, wenn wir bestimmte Pflanzen in unserem Garten ansiedeln. Das sind »Pflanzen mit Garantie«, mit denen wir in das Gärtnern für die Natur einsteigen können. Schließlich ist es leider so, dass auch unsere häufigen Arten zurückgehen, und hier können Lebensräume in Städten und Dörfern zu wichtigen Rückzugsorten werden.

Was nicht heißt, dass nicht auch eher seltene Arten in dem einen oder anderen Naturgarten auftauchen werden. Dafür gibt es genügend beeindruckende Beispiele. So findet sich in Bonn ein Hauptvorkommen der europaweit extrem bedrohten Gelbbauchunke in einem Privatgarten, in dem ein engagierter Gärtner speziell für diese Art kleine, im Sommer austrocknende »Unkenpfützen« angelegt hat. Aber gerade, weil solche Arten selten sind, können wir nicht überall einen Garten mit der Erwartung anlegen, dass wir ihnen damit Lebensraum bieten. Denn die Tierwelt eines Gartens hängt sehr stark von seiner Umgebung ab. Wenn jedoch seltene Tierarten in der Nähe vorkommen, können Naturgärten auch ein Angebot für solche Arten sein. Voraussetzung ist natürlich, dass die Größe des Gartens und seine Gestaltung zu den Lebensraumansprüchen der Art passen. Das ist im Prinzip nicht anders als bei den »Garantie-Arten«, die in diesem Buch vorgestellt werden.

Bilder rechts: Naturnahe Gärten sind bunt, strukturreich und die einheimischen Wildpflanzen, die in ihnen wachsen, kommen außerhalb des Gartenzaunes kaum noch vor.

Über dieses Buch

Das Schlüssel-Schloss-Prinzip

Warum kann das eigentlich funktionieren, dass ich sicher sein kann, bestimmte Tiere beobachten zu können, wenn ich bestimmte Arten in meinem Garten pflanze? Die Erklärung liegt in den meisten Fällen darin, dass Pflanzenarten und Tierarten in gegenseitiger Abhängigkeit im Rahmen der Evolution entstanden sind. Die Fachleute nennen das Koevolution. Wahrscheinlich verdanken wir die Fülle und die Farben der verschiedenen Blüten unserer Stauden allein der Koevolution von Bestäubern und ihren Blütenpflanzen. Bei den Blumen einer größeren Region dominieren deshalb die Farben und Gerüche, die ihre jeweiligen Bestäuber gut wahrnehmen können.

Ein Beispiel: In Amerika werden viele Pflanzen von Kolibris bestäubt. Vögel orientieren sich kaum mithilfe eines Geruchssinns und können besonders gut gelbrote Farbtöne sehen – und es gibt dort viele Blüten, die diesen Farbton haben, zum Beispiel Fuchsien, Lobelien oder Klettertrompete *(Campsis radicans)*, und die Pflanzen duften nur selten. Vögel wiegen schon einiges, selbst wenn sie klein sind – und die Blüten dieser Pflanzen sind groß und robust. Auch in Afrika, Asien und Australien gibt es Vögel, die Nektar und Pollen fressen und so Pflanzen bestäuben, zum Beispiel Strelitzien, rot blühende Aloe-Arten, Banksien und Grevillien. Diese Pflanzen produzieren oft Nektar in großen Mengen. Viele Säugetiere können Gelbrottöne ebenfalls gut sehen, deshalb werden etliche dieser Blumen, zum Beispiel Banksien oder rot blühende Eukalyptus-Arten, auch von Säugetieren bestäubt.

In Mitteleuropa gibt es kaum Vögel, die Blüten bestäuben (eine Ausnahme sind Vögel, die Pollen von Weidenkätzchen fressen, s. S. 158) – und keine großen, gelbroten Blumen. Bei uns übernehmen Insekten die Bestäubung der Blüten. Bienen erkennen besonders gut ultraviolette, blaue und blaurote Farbtöne. Diese Blütenfarben dominieren bei uns. Während unsere Glockenblumen blau oder weiß blühen und es Wildbienen gibt, die nur Glockenblumen besuchen, wächst auf den Kanaren die Kanaren-Glockenblume *(Campanula canariensis)* mit großen, gelbroten Blüten, die an Bestäubung durch Vögel angepasst ist. Pech für unsere Insekten, dass auch wir Menschen große, knallrote Blüten toll finden. So wachsen in unseren Gärten viele rot blühende Gartenpflanzen, die für unsere Insekten uninteressant sind. Eine

Bilder links: Wo Vögel den Bestäubungsdienst übernehmen, gibt es viele Arten mit großen roten Blüten (von oben links im Uhrzeigersinn): Banksien (Australien), Aloe (Namibia), Eukalytus und Grevillia (Australien).

Ausnahme sind Mohn-Arten, zum Beispiel Klaschmohn *(Papaver rhoeas):* Die roten Blüten sind bei vielen Bienen beliebt, kaum eine andere Pflanzenart produziert so viel Pollen. Die Blütenblätter reflektieren allerdings den ultravioletten Anteil des Lichts sehr gut und den wiederum können Bienen sehr gut wahrnehmen. Die Bienen sehen bei Mohnblüten also nicht Rot, sondern Blauviolett.

In Neuseeland werden übrigens die meisten Pflanzen von Fliegen bestäubt. Fliegen orientieren sich hauptsächlich über den Geruchssinn und differenzieren Farben nicht so sehr – die Blüten dort sind eher weiß und riechen manchmal ausgeprägt nach Aas, was Fliegen anzieht, uns Menschen eher nicht.

Damit sie bleiben: Lebensräume gestalten

Tiere pflanzen ist ein Einstieg, der erste Schritt, auf den meist weitere folgen sollten, wenn der Besuch nicht nur eine Stippvisite bleiben soll. In den folgenden Kapiteln wird deutlich, dass es immer zwei Aspekte gibt: zum einen die besondere Beziehung zwischen einer einzelnen Pflanzenart und einer Tierart, zum anderen die Gesamtheit der Lebensraumansprüche. Bei manchen Arten ist es möglich, sie nicht nur kurzfristig im Garten zu beherbergen, wie das bei der Weidenmeise (s. S. 155) der Fall ist, sondern ihnen dauerhaft Lebensraum zu bieten. Das gilt insbesondere für kleine Tiere wie die Glockenblumen-Scherenbiene (s. S. 137) oder für Tiere, die nur kleine Areale bewohnen wie Spinnen oder Eidechsen.

Was aber, wenn ich nichts weiß über die Lebensraumansprüche der gepflanzten Tiere? Da empfiehlt es sich grundsätzlich, zu schauen, welche Bedingungen am natürlichen Standort der Pflanze vorkommen und welche anderen Pflanzen dort wachsen. Wenn wir uns daran orientieren, haben wir gute Chancen, nicht nur die eine beliebte Pflanze, sondern auch weitere Standortqualitäten anzubieten, die von den »gepflanzten Tieren« benötigt werden. Wenn zum Beispiel unter Bäumen und in Hecken immer auch Totholz liegt, haben die Rosenkäfer (s. S. 113) in der Wildrosenhecke nicht nur als Käfer, sondern auch als Larve – und das ist die längste Zeit ihres Lebens – in unserem Garten Lebensraum.

Pflanzen sollten möglichst in einer Situation gepflanzt werden, die ihrem natürlichen Standort entspricht. Auch wenn es durchaus möglich ist, Pflanzen der Trockenstandorte in normale, gut mit Wasser und Nährstoffen versorgte Beete zu setzen, werden Tiere, die diese Pflanzen nutzen, ebenso die kleinklimatischen Bedingungen der trockenen Standorte benötigen. Fehlen sie, tun sich die Tiere schwer. Gleiches gilt, wenn man Pflanzen der Waldstandorte durch reichliche Wassergaben in sonnig heißen Beeten über die Runden bringt. Eine standortgerechte Pflanzung ist also nicht nur für die Pflanzen besser, sondern auch für die Tiere, die sie anlocken.

Naturnahe Pflege: Lebensgemeinschaften fördern

Auch die Pflege im naturnahen Garten orientiert sich möglichst an dem, was die Tiere, die unser Garten beherbergt, benötigen. Schließlich ist es sinnlos, Möhren und Fenchel im Garten für die Schwalbenschwänze blühen zu lassen und die trockenen Stängel dann mitsamt den Puppen auf den Kompost zu bringen. Hinweise darauf, wie wichtig es ist, im Garten trockene Stängel als »Puppenstuben« für Schmetterlinge, Bienen und Käfer stehen zu lassen, finden Sie an mehreren Stellen in diesem Buch.

Der allererste Schritt zu mehr Natur im Garten soll hier nicht unerwähnt bleiben: der Verzicht auf Gifte jeglicher Art und auf Torf aus Mooren. Moore sind nicht nur wichtige Lebensräume für viele sehr seltene Tiere, sondern sie gehören auch zu den letzten Flächen, auf denen tatsächlich Kohlenstoffdioxid dauerhaft der Atmosphäre entzogen, quasi »fossilisiert« wird.

Wer in ein Gartencenter geht, bekommt den Eindruck, als gäbe es kaum einen Unterschied zwischen einem Garten und einem Pflanzenkrankenhaus – so viele Fläschchen und Pülverchen werden dort angeboten. Im naturnahen Garten ist das alles verzichtbar: Dort stellen sich Lebensgemeinschaften ein, die sich selbst regulieren. Was im konventionellen Garten Gründe sind, zur Giftspritze zu greifen, wie Blattläuse, Ameisen oder Blattrollwespen, sind im naturnahen Garten erwünschte und interessante Mitbewohner. Überlegen Sie einmal, wie viel stressfreier und billiger so ein Garten ist. Das lohnt doch die Seelenarbeit, mit manch einem Krabbeltier von schlechtem Ruf, wie Blattläusen oder Spinnen, Freundschaft zu schließen.

Auch Naturgärtner greifen hin und wieder in ihrem Garten ein. Grund dafür ist, dass sich ihr Garten sonst, wie alle Flächen bei uns in Mitteleuropa, in einen Laubmischwald entwickeln würde. Gärtnerinnen und Gärtner machen also das, was ursprünglich die großen Tiere in der freien Landschaft taten: diese Entwicklung zum Laubmischwald, von Ökologen »Sukzession« genannt, zurücksetzen, die Fläche auf ein früheres Sukzessionsstadium zurückbringen. So werden Teiche ab und zu entkrautet, um ihre Entwicklung zum Niedermoor zu verhindern, Hecken werden auf den Stock gesetzt, Baumsämlinge im gesamten Garten gejätet, stickstoffsammelnder Weißklee wird auf Magerflächen entfernt.

Pflanzplanung: Wie nutze ich die Tabellen in diesem Buch?

Gärtnerinnen und Gärtner lieben ihre Pflanzen. Wenn wir gärtnern, sorgen wir für unsere Pflanzen und wollen, dass es ihnen gut geht und dass sie schön blühen. Alle Gärtner streben nach stimmigen Pflanzenkombinationen und schönen oder seltenen Pflanzen.

Wenn Gestaltung das Schaffen einer erkennbaren Ordnung ist, dann ist Gartengestaltung nicht nur die wohlüberlegte Anlage der Bauwerke, sondern in besonderem Maße die wohlüberlegte Planung der Bepflanzung. Auch wenn das Gesicht des Gartens zunächst von Wegen, Mauern und anderen gebauten Elementen geprägt wird – sind diese einmal angelegt, sind sie eben da und brauchen lediglich instand gehalten zu werden. Die Freude am Gärtnern entspringt vor allem der Beschäftigung mit den Pflanzen und in zunehmendem Maße mit den Tieren, die durch diese Pflanzen in den Garten kommen.

Die Tabellen in diesem Buch sollen dabei helfen, die Flächen, auf denen wir mit einer bestimmten Pflanze ein bestimmtes Tier in den Garten locken, als ästhetisch ansprechende Pflanzungen zu gestalten. Etliche der Arten, die in den Tabellen aufgeführt sind, finden Sie auf Abbildungen im Buch. Auch in der weiterführenden Literatur, in Bestimmungsbüchern oder im Internet können Sie sich über das Aussehen der Pflanzen informieren.

Die Pflanzen in den Listen sind als »Blühkalender« angeordnet, so können Sie leicht Pflanzen auswählen, die versetzt über die gesamte Vegetationsperiode blühen. Da die meisten unserer Pflanzen im Frühsommer blühen, ist es aus ästhetischen Gründen wichtig, Frühlingsblüher und Spätsommerblüher sorgfältig auszuwählen und diese Arten dann in größeren Stückzahlen zu verwenden.

Für die Blütenbesucher sind Spätblüher übrigens gar nicht so wichtig, wie vielfach vermutet wird. Denn Pflanzen und Tiere haben sich im Laufe der Evolution gemeinsam entwickelt und so ist im Lebenszyklus der Bestäuber, zum Beispiel vieler Wildbienen, die Flugzeit an den Blühhöhepunkt unserer Flora im Frühsommer angepasst. Im Spätsommer leben die meisten Wildbienen als Larven vom Pollen und Nektar der Frühsommerblumen in ihren Brutzellen, von einigen bemerkenswerten Ausnahmen wie der Efeu-Seidenbiene (s. S. 152) einmal abgesehen. Aber natürlich befinden sich im Spätsommer nicht alle Blütenbesucher in der vorgezogenen Winterruhe. Schmetterlinge, die als Falter überwintern, brauchen Nektar. Auch die Honigbienen sammeln noch im Hochsommer Nektar und Pollen. Die Kärntner Biene (Carnica-Rasse der Honigbiene), die heute gehalten wird, stammt aus dem Mittelmeerraum, wo es auch im Hochsommer und Spätsommer noch genügend

Bilder links: Pflanzplanung bedenkt die sich mit den Jahreszeiten verändernde Abfolge der Farben und Formen.

Trachtpflanzen gibt. Die ursprünglich bei uns auch wild vorkommende Dunkle Europäische Biene ist wesentlich besser an die mitteleuropäische Frühsommertracht angepasst, produziert aber in guten Jahren mit normaler Massentracht weniger Honig als die Carnica-Biene.

Bei der Wahl der Pflanzenzusammenstellung ist es empfehlenswert, für jede Blühphase mindestens zwei Arten auszuwählen, deren Farben gut harmonieren. Auch wenn die Blütenfarbe ein attraktiver Aspekt ist: Die meisten Pflanzen blühen über einen Zeitraum von vier bis sechs Wochen, zeigen also die längste Zeit des Jahres oder der Vegetationsperiode ihre Blätter und keine Blüten. Deshalb ist die Zusammenstellung der verschiedenen Blattformen und Pflanzengestalten mindestens ebenso wichtig wie die Zusammenstellung der Blütenfarben. Verschiedene Eigenschaften können hier bewusst kombiniert werden: großblättrige Pflanzen und solche mit feinen Blättern, behaarte und glänzende Blätter, niedrige oder polsterartig wachsende Pflanzen mit hochaufwachsenden Arten. In wohlüberlegten Pflanzungen nimmt das Auge solche Kontraste wahr und kann daraus eine Ordnung ablesen. Ob wir über die Blütenfarben nachdenken oder über die Erscheinung der Pflanzen im nichtblühenden Stadium: Ein Beet wird dann schön wirken, wenn nicht zu viele unterschiedliche Eigenschaften wie Formen, Farben oder Texturen in der Pflanzung auftauchen. So kann Gestaltung auch auf dem bewussten Weglassen mancher Eigenschaften beruhen, zum Beispiel einer Blütenfarbe oder Blattform.

Wenn Sie die grundsätzliche Pflanzenliste entworfen haben, geht es darum, die Stückzahlen und die Anordnung der Pflanzen auf dem Beet zu planen. Auch hier sollten dem Auge Anhaltspunkte geboten werden, die das Erkennen einer Ordnung ermöglichen. Auf den meisten Pflanzflächen wird es eine oder wenige Leitpflanzen geben, die eine auffällige Eigenschaft haben und so das Auge über die Fläche führen können. In großen Parks wird das eine markante Baumart sein, in Gebüschen eine oder wenige auffallende Straucharten, in staudendominierten Bereichen besonders schöne und hervorstechende Stauden oder Kleingehölze. Sie werden wohlüberlegt platziert. Wenn wir uns nicht für strenge Linien entscheiden, empfiehlt sich die Orientierung am goldenen Schnitt – grob gesagt einer Anordnung in rechtwinkligen Dreiecken – oder an s-förmig geschwungenen Linien. Problematisch ist meist die Gruppierung in Zweierpaaren. Dadurch wird immer die Mittellinie zwischen den beiden Partnern betont. Schön sieht das nur aus, wenn dort auch wirklich etwas ist, das wert ist, betont zu werden, zum Beispiel ein Weg oder eine Bank.

Während die Leitpflanzen in geringer Stückzahl verwendet werden, wird mit den meisten anderen Arten die Fläche gestaltet. Hier ist es empfehlenswert, sie in Gruppen einzusetzen und diese mehrfach auf der Fläche zu wiederholen oder die Stauden in Bändern über die Fläche zu führen. Als Letztes wählen wir eine oder wenige Arten aus, die vorhandene Lücken füllen und die Pflanzung als Streupflanzen

Ein traumhaft schönes Staudenbeet auf Berliner Sandboden, geplant von Renate Froese-Genz

verbinden. In Staudenbeeten sind das oft bodendeckende niedrige Arten. Diese mehrjährigen Streupflanzen können wir auch einsäen.

Bei allen Pflanzungen ist es wichtig, dass der nach der Pflanzung offen liegende Boden möglichst schnell mit erwünschten Pflanzen bedeckt ist. Es empfiehlt sich also, zuletzt die Lücken zwischen den Pflanzen einzusäen. Bei neu gesetzten Gehölzen können wir Saumeinsaaten vornehmen. Bei staudendominierten Pflanzungen sind das oft einjährige Pflanzen, die früher auf Äckern als »Unkraut« vorkamen, wie Kornblume *(Centaurea cyanus)*, Feld-Rittersporn *(Consolida regalis)*, Ackerwucherblume *(Chrysanthemum segetum)*, Acker-Ringelblume *(Calendula arvensis)* und Klatsch-Mohn *(Papaver rhoeas)*.

Stieglitz und Wilde Karde

Lebensraum Wildblumenhecke am sonnigen Standort

Bunter Edelstein in der Blumenhecke

Stieglitze *(Carduelis carduelis)* werden magisch angezogen von den Samenständen hoher Stauden, denn sie behalten bei der Nahrungssuche gerne den Überblick. Vor allem Kardengewächse, Disteln oder andere Korbblütler wie Flockenblumen werden gerne besucht. Wer Karden *(Dipsacus fullonum)* im Garten hat und ihre attraktiven Samenstände über den Winter stehen lässt, kann sich, sobald die Samen reif sind, an kleinen oder größeren Gruppen der immer deutlich ihren Namen (»stiegelit«) zwitschernden Vögel erfreuen. Bei der Nahrungssuche setzt der Stieglitz geschickt seine Krallen ein, um die Samenstände festzuhalten oder zu sich heranzuziehen.

Bilder links: Wildblumenhecke am Zaun (rechts oben)
unten: Blühende Karden ziehen viele Insekten an, hier Hain-Schwebfliegen und eine Hummel.

Wenn er seine Jungen füttert, sucht er kleine Insekten. Blattläuse sind auch beim Stieglitz, wie bei vielen anderen Vogelarten, eine bevorzugte Nahrung für den Nachwuchs, sicherlich ein besonders schmackhafter und süßer »Babybrei«. Schon das ist ein Grund, Blattläuse mit anderen Augen zu sehen. Die geflügelten Formen der Blattläuse werden oft als Luftplankton in größere Höhen verweht und gehören zu den Hauptnahrungsquellen der Vögel, die dort ihre Nahrung suchen, wie Mauersegler oder Mehlschwalbe. Bei diesen beiden Arten erleben wir gerade dramatische Bestandseinbrüche.

Die Karde

Mit der Karde beginnt der Reigen der in diesem Buch vorgestellten Pflanzen. An dieser Pflanzenart können Reiz und Schönheit naturnaher Gärten besonders gut gezeigt werden. Erst einmal ist es leicht, die Karde mit einer stacheligen Distel zu verwechseln. So wird sie wohl in vielen Gärten alljährlich als »Unkraut« gejätet. Wer sie aber zulässt oder aussät, den belohnt sie mit einer Fülle an Naturbeobachtungen und immer neuen Bildern und Erlebnissen. Und eine Distel ist die Karde auch nicht, sondern ein Kardengewächs, sie zählt damit zu den Geißblattgewächsen, zu denen neben den Geißblatt-Arten *(Lonicera)* auch die Baldriangewächse *(Valeriana)* zählen.

Kurz nach der Anlage eines Naturgartens ausgesät, werden die bis zu zwei Meter hohen, blühenden Karden im folgenden Jahr die Fläche gestalterisch dominieren. Ihre Gestalt ist nun wahrlich beeindruckend: Nachdem im ersten Jahr schöne Rosetten den Boden bedecken, bilden die Pflanzen im zweiten Jahr einen hohen, verzweigten Stängel. Je zwei Blätter und Seitenstängel stehen sich immer gegenüber, sind »gegenständig«, wie die Botaniker sagen. Diese deutliche Symmetrie steht in einer Spannung zu den zahlreichen, unregelmäßig an Stängeln und Blättern stehenden Stacheln. Auch die Blütenstände sind voller Spannung: Einerseits wirken sie stachelig, andererseits durch die Vielzahl der kratzig anmutenden Tragblätter der Blüten fast schon puschelig weich. Auf Fotos gleichen die Blütenstände grafischen Kunstwerken.

Aufrecht stehen die Pflanzen in Gruppen nebeneinander. Die Blätter sind am Stängel verwachsen, dort sammelt sich Wasser, in dem sich oft ertrunkene Insekten finden. Ob die Pflanzen daraus wirklich Stickstoff aufnehmen können? Die Blüten öffnen sich zuerst in einem Ring in der Mitte des Blütenstandes, der sich dann teilt, die eine Hälfte »wandert« nach unten, die andere nach oben. Vor allem langrüsselige Insekten wie Schmetterlinge und Hummeln saugen dort Nektar. Morgens finden sich oft schlafende Hummeln an den Blüten. Wenn die Samen reifen, sind die Blätter meist schon von Mehltau bedeckt, das ist aber kein Problem, die Pflanzen haben ihren Lebenszyklus vollendet und leisten deshalb keinen Widerstand mehr. Karden sterben nach der Samenbildung ab. Die markanten Samenstände schmücken jetzt unseren Garten und werden von Samenfressern, vor allem vom Stieglitz, der auch Distelfink genannt wird, als Futterbar gerne genutzt. Selbst im zweiten Jahr suchen Vögel immer noch die Samenstände ab und in den abgestorbenen Stängeln können Insekten, wie Wildbienen oder Schenkelkäfer, als Larven den Winter überstehen.

So bietet das Kardenjahr fast jede Woche etwas Neues. Damit zeigt die Karde im Kleinen eine der Haupteigenschaften des Naturgartens: Er sieht in jeder Woche und in jedem Jahr neu und anders aus. Dynamik, die Erfahrung der Zeit, ist hier erwünscht und wird von Naturgärtnern als besonders reizvoll wahrgenommen.

Als zweijährige Pflanzen brauchen Karden offenen Boden, um zu keimen. Meist prägen sie die ersten Jahre eines frisch angelegten Naturgartens. Später wird es immer wieder hier und da eine Karde im Garten geben. Wenn wir wieder ein beeindruckendes Kardenbeet beherbergen wollen, muss die Beetfläche umgebrochen und neu eingesät werden. Dies ist auch der Grund, warum Karden im Nutzgarten tatsächlich den Nutzpflanzen weichen müssen, da sie dort auf dem dauerhaft offenen Boden ideale Bedingungen finden.

Säume und Blumenhecken für Mensch und Stieglitz

Oft gibt es Bereiche im Garten, wo die Andeutung einer Raumgrenze sinnvoll, ein dichter Sichtschutz aber nicht notwendig ist. Dort eignen sich Staudensäume wunderbar, um eine bunt blühende Abgrenzung zu schaffen. Diese Flächen erfüllen die Funktion einer Hecke und werden deshalb auch »Staudenhecken« oder »Blumenhecken« genannt. Die Pflanzen einer Blumenhecke werden ein bis zwei Meter hoch und es gibt viele attraktive Wintersteher darunter. Damit die Stieglitze die Samen der Pflanzen ernten können und die Pflanzung auch im Winter ihre Funktion erfüllt, bleiben die abgestorbenen Staudenstängel mit den Samen solange wie möglich stehen.

Stieglitzfutterpflanzen finden sich in Dörfern und in der Feldflur auf nicht bewirtschafteten Rainen und Böschungen. Eselsdistelflur oder Möhren-Bitterkraut-Flur nennen Botaniker diese bunten Säume. Die Böden sind relativ nährstoffreich und häufig gestört. Deshalb wachsen dort vor allem einjährige, zweijährige und kurzlebige mehrjährige Arten. Die auf der folgenden Doppelseite vorgeschlagene Zusammenstellung nennt die bevorzugten Futterpflanzen des Stieglitzes, ergänzt um einjährige Ackerwildkräuter.

Die Pflanzen: Lebensraum Wildblumenhecke am sonnigen Standort

Wissenschaftlicher Name *Deutscher Name*	*Höhe* *Blütenfarbe*	J	F	M	A	M	J	J	A	S	O	N	D	*Herbst / Winter* *Bemerkung*
Anthriscus sylvestris **Wiesen-Kerbel**	90 cm weiß				✿	✿	✿	✿						
Aquilegia vulgaris **Gewöhnliche Akelei**	80 cm blauviolett					✿	✿	✿						
Isatis tinctoria **Färber-Waid**	140 cm gelb					✿	✿	✿						
Campanula persicifolia **Pfirsichblättrige Glockenblume**	80 cm hellblau					✿	✿	✿	✿					wintergrün legt sich zum Licht
Malva sylvestris **Wilde Malve**	100 cm purpurrot					✿	✿	✿	✿	✿				wintergrün
Papaver rhoeas **Klatsch-Mohn**	80 cm rot					✿	✿	✿	✿	✿				wintergrün einjährig
Agrostemma githago **Korn-Rade**	100 cm rosa						✿	✿						wintergrün einjährig
Peucedanum ostruthium **Meisterwurz**	90 cm weiß						✿	✿						
Agrimonia procera **Wohlriechender Odermennig**	180 cm gelb						✿	✿	✿					
Anthemis tinctoria **Färber-Hundskamille**	50 cm gelb						✿	✿	✿					wintergrün
Dipsacus fullonum **Wilde Karde**	160 cm violett						✿	✿	✿					wintergrün
Echium vulgare **Gewöhnlicher Natternkopf**	70 cm blau						✿	✿	✿					wintergrün zweijährig
Onopordum acanthium **Gewöhnliche Eselsdistel**	150 cm purpur						✿	✿	✿					
Stachys germanica **Deutscher Ziest**	140 cm karmin						✿	✿	✿					
Verbascum nigrum **Schwarze Königskerze**	100 cm gelb						✿	✿	✿					
Anchusa officinalis **Gebräuchliche Ochsenzunge**	60 cm purpurviolett						✿	✿	✿	✿				
Eryngium planum **Edeldistel**	90 hellblau						✿	✿	✿	✿				
Daucus carota **Wilde Möhre**	80 cm weiß						✿	✿	✿	✿				wintergrün
Lavatera thuringiaca **Thüringer Strauchpappel**	150 cm rosa						✿	✿	✿	✿				
Pastinaca sativa **Gewöhnlicher Pastinak**	120 cm gelb						✿	✿	✿	✿				zweijährig
Centaurea cyanus **Kornblume**	80 cm blau						✿	✿	✿	✿	✿			wintergrün einjährig

Wissenschaftlicher Name Deutscher Name	Höhe Blütenfarbe	J	F	M	A	M	J	J	A	S	O	N	D	Herbst / Winter Bemerkung
Centaurea jacea **Wiesen-Flockenblume**	50 cm rotviolett						✿	✿	✿	✿	✿			
Carduus nutans **Nickende Distel**	100 cm purpur							✿	✿					wintergrün
Cirsium eriophorum **Wollkopf-Kratzdistel**	140 cm violett							✿	✿	✿				wintergrün zweijährig
Laserpitium pruthenicum **Preußisches Laserkraut**	150 cm gelblich weiß							✿	✿	✿				
Peucedanum officinale **Echter Haarstrang**	100 cm gelb							✿	✿	✿				
Reseda luteola **Färber-Resede**	120 cm gelb							✿	✿	✿				wintergrün zweijährig
Serratula tinctoria **Färber-Scharte**	80 cm rotviolett							✿	✿	✿				
Succisa pratensis **Gewöhnlicher Teufelsabbiss**	50 cm blauviolett							✿	✿	✿				wintergrün
Verbascum densiflorum **Großblütige Königskerze**	130 cm gelb							✿	✿	✿				wintergrün zweijährig
Verbascum lychnites **Mehlige Königskerze**	120 cm gelb							✿	✿	✿				zweijährig
Cichorium intybus **Gewöhnliche Wegwarte**	80 blau							✿	✿	✿	✿			

Schon im Jahr nach der Aussaat schaffen zweijährige Pflanzen wie die Großblütige Königskerze eine Raumgrenze.

Wer profitiert noch von Blumenhecken?

Die vielen Insekten, die Blumenhecken besuchen, ziehen auch im Sommer Vögel an, übrigens auch den Stieglitz, der wie viele andere Vogelarten Blattläuse an seine Jungen verfüttert. Viele Wildbienenarten nutzen blütenreiche Säume, um Nektar und Pollen zu sammeln. Manche Arten legen ihre Brutzellen in aufrechten, trockenen Staudenstängeln an. An den Stauden selbst fressen die Raupen zahlreicher Schmetterlingsarten. So stehen die Chancen nicht schlecht, dass Schwalbenschwänze auf den Disteln der Blumenhecke Nektar saugen und an den Pflanzen der Wilden Möhre ihre Eier legen. Die verpuppten Raupen überwintern, an trockenen Stängeln »aufgehängt«, bis ins nächste Jahr.

Blumenhecken anlegen und pflegen

Blumenhecken brauchen nicht viel Platz. Ein sonniger Streifen, der 50 Zentimeter breit ist – zum Beispiel entlang eines Zaunes –, reicht aus. Der Boden in diesem Bereich wird gelockert, alle vorhandenen Pflanzen werden entfernt und ein feines Saatbett wird geharkt. Dann können die Pflanzen eingesät oder gepflanzt werden. Eine Kombination aus Pflanzung und Einsaat ist sinnvoll, damit der Boden möglichst bald mit erwünschten Arten bedeckt ist.

Im Frühjahr können die Staudenstängel auch abgeräumt werden, wenn man sie nicht als »Puppenstube« stehen lassen möchte. Es ist aber sinnvoll, sie an einer anderen Stelle im Garten noch ein bis zwei Jahre aufrecht zu lagern. So können samenfressende Vögel auch noch später im Jahr Samen finden. Wildbienenarten, deren Larven in Staudenstängeln überwintern, bevorzugen aufrecht stehende Stängel aus dem Vorjahr. Es empfiehlt sich also, aus den abgeräumten Stängeln ein Totholzelement zu bauen, das auch gestalterisch attraktiv ist.

Da in Saatgutmischungen für Säume und Blumenhecken viele einjährige und zweijährige Arten enthalten sind, wachsen von Jahr zu Jahr immer weniger Arten auf der Fläche, denn viele der kurzlebigen Arten brauchen offenen Boden, um keimen zu können. Wenn die Bepflanzung nicht mehr gefällt, wird die Fläche umgebrochen und neu angelegt.

Eine weitere Möglichkeit besteht darin, auf neu angelegten Gehölzflächen, als naturnahe Alternative zur allgegenwärtigen Rindenmulchschicht, eine Blumenhecke zu säen. Die schnell wachsenden Wildblumen schaffen in wenigen Monaten die Raumstruktur, die von den Gehölzen erst einige Jahre später erreicht werden kann. Später bestimmen die Gehölze die Fläche, aus der Blumenheckeneinsaat entwickelt sich der für so viele Heckenbewohner wichtige Staudensaum.

Bilder rechts: Thüringer Strauchpappel (oben links)
Stieglitze fliegen auf Kardengewächse, hier die Wald-Witwenblume (oben rechts).

unten: Hohe Blumenhecke an der Grundstücksgrenze aus Königskerzen (Verbascum lychnitis, Verbascum densiflorum) und Natternkopf

Tagpfauenauge und Wasserdost

Lebensraum Hochstaudenflur am halbschattigen Standort

Kann noch garantiert werden – das Tagpfauenauge

Kaum jemand kann sich dem Zauber flatternder Schmetterlinge entziehen. Vor allem das Wissen, dass diese wunderschönen Tiere aus eher unscheinbaren Raupen entstehen, rührt uns an. Für manch einen ist das ein Bild für die Hoffnung, dass aus etwas Traurigem oder Hässlichem doch lebendige Schönheit entstehen kann. Schmetterlinge lehren uns auch, dass wir, wenn wir Natur erleben und genießen wollen, ihre unangenehmen oder hässlichen Seiten nicht ausblenden können: Der schöne Schmetterling ist ohne die Raupe nicht zu haben.

Der Rückgang der Insekten ist an den Schmetterlingen besonders deutlich bemerkbar: Es wurde nachgewiesen, dass selbst in Naturschutzgebieten in den letzten dreißig Jahren die Größe der Populationen um 50 bis 80 Prozent zurückgegangen

Bild links oben: Wasserdost zieht auch seltene Falter wie den Kaisermantel an.
unten links: An den Samenständen zeigt sich, dass Wasserdost ein Korbblütler ist.
unten rechts: Wald-Ziest – konkurrenzstarker Bodendecker im Schatten

ist. Meist fällt der Rückgang der Individuen noch höher aus. Auch bei Arten, die noch vorkommen, überleben immer weniger Tiere. Leider ist das Schwinden der Schmetterlinge auch in Naturgärten zu beobachten, selbst wenn dort Pflanzen wachsen, die bei Schmetterlingen sehr beliebt sind. Das zu den Edelfaltern gehörende Tagpfauenauge *(Aglais io)* kommt aber immer noch relativ häufig vor.

Warum aber ist das Tagpfauenauge vom Rückgang der Schmetterlinge nicht so sehr betroffen? Die Weibchen legen ihre Eier in Gruppen an die Unterseite von Blättern der Brennnesseln, die an eher halbschattigen, feuchten und gut mit Nährstoffen versorgten Standorten stehen. Das sind Standorte, die es in unserer mit Nährstoffen überfütterten Landschaft in der Nähe von Bächen und Flüssen und an Waldrändern zur Genüge gibt. Wenn die Brennnesseln gut mit Nährstoffen versorgt sind, profitiert das Tagpfauenauge, denn je höher der Eiweißgehalt der Pflanzen ist, desto besser entwickeln sich die Raupen. Diese müssen zur Verpuppung den Standort nicht verlassen, die Puppen kleben als »Stürzpuppen« an vertrockneten Stängeln.

Das Tagpfauenauge überwintert als Falter und sucht dafür manchmal auch Gartenschuppen oder Vogelnistkästen auf. Die schönen Falter bevorzugen lila-rosa blühende Pflanzen. Wer den Insektenmagnet Wasserdost *(Eupatorium cannabium)* im Garten hat, wird sie sicherlich beobachten können.

Kampf der Giganten: ein Mittel gegen Giersch und Co.

Nährstoffreiche, halbschattige, gut mit Wasser versorgte Böden geben vielen Pflanzen alles, was sie brauchen. Solche gut versorgten Standorte werden überall gefördert: Wenn es zu trocken ist, wird bewässert, wenn es zu heiß ist, schattiert, ist der Boden zu sauer, wird aufgekalkt, ist er zu nass, wird entwässert. Viele Wildpflanzen, die an solchen Standorten gedeihen, kennen Gärtner gut: Ackerkratzdistel *(Cirsium arvense)*, Ackerwinde *(Convululus arvensis)*, Giersch *(Aegopodium podagraria)*, Brennnesseln *(Urtica* spec.), Gänsedisteln *(Sonchus* spec.), Löwenzahn *(Taraxacum* agg.) ... Diese Pflanzen profitieren von Bodenstörungen. Auch Pflegemaßnahmen wie Umgraben oder Hacken öffnen den Boden. Gärtnern auf nährstoffreichen Böden fördert also unbeabsichtigt meist jene Pflanzen, die die eingesetzten Arten überwuchern, wenn wir nicht jäten: Gut versorgte Böden machen Arbeit. Im naturnahen Garten nutzen wir »schlechten Boden« als willkommene Chance, die vitalen Besiedler gestörter, nährstoffreicher Böden im Zaum zu halten, indem wir Magerstandorte anlegen oder auf staunassen Böden Sumpfbeete gestalten. Was aber tun, wenn ein vorhandener, gut versorgter Boden nicht verändert werden kann und die Fläche trotzdem nicht so viel Arbeit machen soll? Dann können wir der Konkurrenzkraft der unerwünschten Pflanzen konkurrenzstarke Wildpflanzen entgegensetzen.

Gigantisch hoch, gigantisch schön: Schmalblättriges Weidenröschen (links) und Baldrian (rechts)

Der Wasserdost ist ein gutes Beispiel für solch eine Giganten-Pflanze. Er bildet große, bis zu zwei Meter hohe »Büsche« und wirkt dadurch im Sommer wie ein Gehölz. Seine blassrosa Blütenstände wirken fast wie die eines Doldenblütlers, er zählt aber als Korbblütler zur Verwandtschaft von Löwenzahn und Habichtskraut. Das wird sichtbar, wenn die Pflanze Samen bildet: Wie die Pusteblumen haben sie einen Haarschirm und werden vom Wind verweht. Wenn es im Garten viel offenen, nährstoffreichen Boden gibt, müssen wir mit zahlreichen Nachkommen rechnen. Im eingewachsenen naturnahen Garten ist der Boden aber überall bedeckt, dadurch wird sich hier die Verbreitung des Wasserdosts in Grenzen halten.

Das gilt auch für manch anderen »Giganten«, mit dem wir den Wasserdost gut kombinieren können, wie Schmalblättriges Weidenröschen *(Epilobium angustifolium)*, Pfeifengras *(Molinia arundinacea)* oder Wald-Geißbart *(Aruncus dioicus)*. Wird der Garten eher konventionell gepflegt und gibt es Beete mit offenem Boden, können die Blütenstände vor der Samenreife abgeschnitten werden.

Und was ist mit dem Giersch, der dort vorher vielleicht ein Problem war? Der ist jetzt ein netter Bodendecker zwischen den Giganten. Diese werden viel höher als er und überwachsen ihn einfach. Damit ähnelt das Beet den hohen Staudenbeständen an Wegrändern und auf Lichtungen, den Hochstaudenfluren.

Die Pflanzen: Lebensraum Hochstaudenflur am halbschattigen Standort

Wissenschaftlicher Name *Deutscher Name*	*Höhe* *Blütenfarbe*	J	F	M	A	M	J	J	A	S	O	N	D	*Herbst / Winter* *Bemerkung*
Allium ursinum **Bärlauch**	30 cm weiß				✿	✿								
Euphorbia amygdaloides **Mandelblättrige Wolfsmilch**	60 cm grüngelb				✿	✿								wintergrün
Vinca minor **Kleines Immergrün**	15 cm blau				✿	✿								wintergrün Bodendecker
Silene dioica **Rote Lichtnelke**	80 cm rot				✿	✿	✿	✿	✿	✿				wintergrün
Euphorbia palustris **Sumpf-Wolfsmilch**	100 cm gelb					✿	✿							Herbstfärbung
Symphytum officinale **Gewöhnlicher Beinwell**	40 cm rotviolett					✿	✿	✿						
Ajuga reptans **Kriechender Günsel**	15 cm blau					✿	✿	✿	✿					wintergrün
Aruncus dioicus **Wald-Geißbart**	150 cm weiß						✿	✿						Herbstfärbung
Epilobium angustifolium **Schmalblättriges Weidenröschen**	90 cm purpurrot						✿	✿	✿					
Filipendula ulmaria **Echtes Mädesüß**	100 cm weiß						✿	✿	✿					
Geranium phaeum **Brauner Storchschnabel**	50 cm braunpurpur						✿	✿	✿					
Molinia arundinacea **Rohr-Pfeifengras**	200 cm grün						✿	✿	✿					Herbstfärbung
Solanum dulcamara **Bittersüßer Nachtschatten**	200 cm violett						✿	✿	✿					Kletterpflanze
Valeriana officinalis **Arznei-Baldrian**	150 cm rosaweiß						✿	✿	✿					
Vicia cracca **Vogel-Wicke**	100 cm blauviolett						✿	✿	✿					Rankpflanze
Stachys palustris **Sumpf-Ziest**	50 cm purpurrosa						✿	✿	✿	✿				
Stachys sylvatica **Wald-Ziest**	70 cm violett						✿	✿	✿	✿				
Eupatorium cannabium **Gewöhnlicher Wasserdost**	180 cm rosa							✿	✿					
Althaea officinalis **Echter Eibisch**	120 cm rosa							✿	✿	✿				
Mentha longifolia **Ross-Minze**	80 cm lilarosa							✿	✿	✿	✿			

Bilder rechts: Die Rote Lichtnelke ist ein dauerblühender Tausendsassa für nährstoffreiche und eher schattige Standorte (links). Auch die bedrohte Spanische Flagge ist häufiger auf Wasserdost zu beobachten (rechts).

Hochstaudenfluren anlegen und pflegen

Der Boden unseres künftigen »Giganten-Beetes« wird vor der Anlage gelockert und vorhandene Beikräuter werden gejätet. Dann wird gepflanzt und gewässert. Bis sich die Pflanzen etabliert haben, sollten Beikräuter entfernt werden. In der Dauerpflege ist vor allem auf Winden zu achten. Sie sind zwar schön, können Stauden aber schnell überwuchern und selbst für Giganten zum Problem werden. Wenn das Beet später gut eingewachsen ist und die Winden schwächer werden, kann man versuchen, auch sie vorsichtig zu tolerieren. Rankpflanzen wie Bittersüßer Nachtschatten *(Solanum dulcamara)* oder Vogel-Wicke *(Vicia cracca)* dürfen sich durch das Beet weben.

Um den Boden von Anfang an mit erwünschten Pflanzen zu bedecken, sollte nach der Pflanzung eingesät werden: Die Kombination aus Vergissmeinnicht (das einjährige *Myosotis arvensis)* mit Ringelblumen *(Calendula arvensis)* leuchtet schon im ersten Jahr fröhlich blau-orange. Blaue Waldvergissmeinnicht *(Myosotis sylvatica)* blühen dann im zweiten Jahr im Frühjahr, der blaue Blütenaspekt lässt sich im Sommer mit der Nesselblättrigen Glockenblume *(Campanula trachelium)* fortsetzen. Oder wir säen Rote Lichtnelke *(Silene dioica)*, dieser zuverlässige Dauerblüher sät sich gut aus und besetzt gerne Lücken im Beet. Ist kein Giersch als Bodendecker vorhanden, können an seiner Stelle Kriechender Günsel *(Ajuga reptans)* oder Kleines Immergrün *(Vinca minor)* eingesetzt werden, die auch im Winter den Boden bedecken.

Viele der hohen Stauden sind attraktive Wintersteher: Die Stängel von Wasserdost, Echtem Eibisch *(Althaea officinalis)* und Wald-Geißbart bleiben bis ins nächste Jahr meist aufrecht stehen und können mit Gräsern, zum Beispiel Pfeifengras, einen schönen Kontrast bilden. Das sieht nicht nur gut aus, die Stängel bieten auch zahlreichen Tieren ein Winterquartier. Es ist hilfreich, wenn wir einige von ihnen noch im nächsten Jahr als »Puppenstuben« stehen lassen, da viele Insekten die Stängel erst im Folgejahr besiedeln. Damit sie weniger auffallen, können wir sie auch einkürzen. Im Frühjahr werden diejenigen Pflanzen gejätet, die sich zu sehr ausgesät haben oder spontan auftauchen und nicht in das Gestaltungskonzept passen, wie Efeu *(Hedera helix)* oder Straußgras *(Agrostis stolonifera)*.

Giganten-Beete in Gärten und Parks

Für solch eine Hochstaudenflur brauchen wir ausreichend Platz. Das Beet sollte mindestens eineinhalb Meter breit sein. Um auch eine gewisse Vielfalt einbringen zu können, brauchen wir mindestens 5 Meter Länge. Hochstaudenfluren eignen sich als Heckensaum, für Beete am Haus, die eher schattig sind, in der Nähe von Teichen oder auch als markante Raumbildner in großen Gärten und in Parks.

Nicht nur Tagpfauenaugen und nicht nur Schmetterlinge

Wenn der Wasserdost blüht, ist er umschwirrt von zahlreichen Insekten. Nicht nur Tagpfauenaugen werden wir daran beobachten können, sondern auch viele andere Schmetterlinge, viele Kohlweißlinge, die ebenfalls noch relativ häufig sind, aber auch seltenere Arten. Der Kaisermantel *(Argynnis parphia)* wird magisch vom Wasserdost angezogen und die besonders schöne und geschützte Spanische Flagge, auch Russischer Bär genannt *(Euplaria quadripunctaria)*, findet sich fast ausschließlich am Wasserdost. Die Raupen von siebzehn Schmetterlingsarten nutzen ihn als Nahrungspflanze und auf seinen Blüten wurden fünfunddreißig verschiedene Falterarten gefunden.

Damit ist der Wasserdost eine einheimische Alternative zum Schmetterlingsflieder *(Buddleja davidii)*, von dem nur wenige Raupen leben können (nämlich drei Arten) und dessen Anbau wegen seiner Eigenschaft als invasiver Neophyt problematisch ist. Zumal der Wasserdost noch viele andere Insektenarten anzieht. Neben Honigbienen brummen dort Hummeln, weitere Wildbienen und zahlreiche Schwebfliegen. Es flattert, summt und brummt solange die Sonne scheint und nicht Regen oder Wind den »Flugverkehr« behindert.

Bild links oben: Die Mandelblättrige Wolfsmilch (hier eine Gartenform) ist eine konkurrenzstarke, wintergrüne Blattschmuckstaude.

unten links: Das Blau der Wieseniris harmoniert gut mit der zur selben Zeit blühenden Sumpf-Wolfsmilch (Gartenformen).
unten rechts: Weiße Sträußchen mit Überraschungsduft: Mädesüß riecht wie Kirschwackelpudding.

Hummeln und Schnee-Marbel

Lebensraum schattiges Staudenbeet am trockenen Standort

Ein Gras für Insekten?

Was ist denn das? Im Frühjahr besucht eine Hummel ein Gras und sucht dort eindeutig Nahrung? Das passt irgendwie nicht ins Bild: Blumen brauchen Bienen, Bienen brauchen Blumen. Als Mittel gegen das Insektensterben werden allerorts blütenreiche Flächen angelegt – das ist gut und richtig. In unseren intensiv genutzten Landschaften verdrängen bestens gedüngte Gräser blütenreiche Wiesen – auch das ist richtig. Falsch wäre es allerdings, jetzt die Gräser aus unseren Gärten zu verbannen. Denn auch sie werden von vielen Tieren genutzt. Dass der Pollen der Schnee-Marbel *(Luzula nivea)* offensichtlich für Hummeln interessant ist, stellt eine

Bild links oben: Trockener Schatten unter einem Baum – dort leuchten Großblütige Fingerhüte über Marbeln (eine Gestaltung von Renate Froese-Genz).
unten: Blütenteppich im Frühling aus Busch-Windröschen und Hohlem Lerchensporn

Ausnahme unter den ansonsten windbestäubten Gräsern dar. Biologisch gesehen, haben auch Gräser Blüten beziehungsweise Blütenstände. Diese müssen aber nicht auffällig sein, weil Gräser windbestäubt sind und ihren Pollen in so großen Massen in die Luft entlassen, dass gute Chancen bestehen, dass er an den weiblichen Blütenorganen (Griffel) in ausreichender Menge kleben bleibt. Mit »Blumen« oder »Blühflächen« sind also Flächen gemeint, wo die insektenbestäubten Kräuter mit ihren auffälligen Blüten vorherrschen. Die Schnee-Marbel geht da als Gras jedenfalls einen Sonderweg und hat Blüten, die offensichtlich auch für Insekten interessant sind.

Lebenswichtig sind Gräser für zahlreiche Schmetterlingsarten, deren Raupen auf die Blätter der Gräser spezialisiert sind: Bei der Rasenschmiele *(Deschampsia cespitosa)* und beim Pfeifengras *(Molinia caerulea)* sind das zum Beispiel sechsundzwanzig verschiedene Arten. Nur ein kleiner Teil unserer Insektenwelt sind Blütenbesucher und bei den Tieren, die sich von Blattmasse ernähren, ist die Abhängigkeit von bestimmten Pflanzenarten oft viel höher als bei den Blütenbesuchern.

Natürlich gibt es viele andere Blütenpflanzen, mit denen wir Hummeln in den Garten locken können. Mit der Schnee-Marbel soll hier gezeigt werden, dass auch schwierige Standorte, schattige Flächen, die nur wenig Regen abbekommen, ästhetisch ansprechend und als Lebensraum gestaltet werden können.

Die Schnee-Marbel – wintergrüner Bodendecker für trockene Schattenbeete

Gräser sollten bei der Gartengestaltung auch aus ästhetischen Gründen nicht vernachlässigt werden. Mit ihren schmalen Blättern bringen sie grafisch starke Texturen in die Beete. Bei den höheren Arten wiegen sich Blätter und Halme schon bei leichtem Windhauch. Damit machen sie etwas eigentlich Unsichtbares sichtbar: den Wind. Wintergrüne Gras-Arten bedecken den Boden, wenn viele Stauden in der kalten Jahreszeit unter der Erde ruhen. Sie fungieren als »Laubschlucker«: Das Laub sinkt zwischen den Horsten auf die Erde, fällt nicht weiter auf und kann dort vom Bodenleben in Humus umgewandelt werden.

All das kann die Schnee-Marbel. Sie ist wintergrün, sie blüht recht auffällig weiß im Mai und obwohl sie in der Natur an eher feuchten Stellen vorkommt, wächst sie im Garten auch gerne dort, wo viele Gartenbesitzer verzweifeln: im trockenen Schatten. Unter schattigen Bäumen oder im Regenschatten von Gebäuden, zum Beispiel im Nordosten, mag auch manche Schattenstaude nicht mehr so richtig wachsen. Deshalb verwenden wir die Schnee-Marbel im naturnahen Garten sehr gerne an solchen Standorten.

Da wächst doch nichts? Beete im trockenen Schatten

Gärtnerische Erfahrung zeigt, dass manche Arten, die in der Natur an feuchteren Standorten vorkommen, es dann doch ganz gut im Garten im trockenen Schatten aushalten. Dazu gehört zum Beispiel der Braune Storchschnabel *(Geranium phaeum)*. Unverzichtbar ist die Palmblatt-Nieswurz *(Helleborus foetidus)*, die schon im Spätwinter ihre gelblichen Blüten öffnet und als Leitstaude ein Beet das ganze Jahr über mit ihren auffälligen Blättern gliedern kann. Unauffällige Blüten, aber schöne glänzende Blätter hat die niedrige Haselwurz *(Asarum europaeum)*, ein attraktiver Bodendecker in Beeten mit anderen eher konkurrenzschwachen Pflanzen. Alternativ bedeckt die sehr robuste, ebenfalls wintergrüne Mandelblättrige Wolfsmilch *(Euphorbia amygdaloides)* den Boden gut.

Aus der dauerhaft grünen Bodenbedeckung erheben sich im Jahreslauf die Blüten der Stauden. Weiße Sternchen der Busch-Windröschen *(Anemone nemorosa)* im Frühjahr, die blauen Glocken des Englischen Hasenglöckchens *(Hyacinthoides non-scripta)* und die blau-rot-violetten Schmetterlingsblüten der Frühlings-Platterbse *(Lathyrus vernus)* im Spätfrühling. Im Sommer weißes Salomonssiegel *(Polygonatum odoratum)*, gelbe Kriechende Gämswurz *(Doronicum pardalianches)*, lila Silberblatt *(Lunaria redviva)* und die violetten Blüten der Schwarzen Platterbse *(Lathyrus niger)*. Die Sommerblüte schließt mit den gelben Blüten des Klebrigen Salbeis *(Salvia glutinosa)*, die schön mit der blauen Nesselblättrigen Glockenblume *(Campanula trachelium)* harmonieren.

Im Herbst bringen die Früchte von Zwerggehölzen Farbe ins Beet: Der wärmeliebende Mäusedorn *(Ruscus aculeatus)* hat rote, der Zwergliguster *(Ligustrum vulgare 'Lodense')* schwarze Früchte. Die Herbstfärbung der Blätter bringt weitere Farben. So hat die Schwalbenwurz *(Vincetoxicum hirundinaria)* zwar recht unscheinbare weiße Blüten, aber ihre Blätter verfärben sich im Herbst auffällig zitronengelb, was gut mit der violetten Färbung der Ligusterblätter oder mit den violett getönten Blättern der Mandelblättrigen Wolfsmilch harmonieren kann.

Es gibt auch einige trockenheitsverträgliche Farne, wie den Stacheligen Schildfarn *(Polystichum aculeatum)*, die teils wintergrün sind und neue interessante Strukturen ins Beet bringen. Mit Totholzelementen, wie Baumstämmen oder Wurzeln, entsteht die besondere Waldatmosphäre, die diese Standorte so reizvoll macht.

Die Pflanzen: Lebensraum schattiges Staudenbeet, trockener Standort

Wissenschaftlicher Name *Deutscher Name*	*Höhe* *Blütenfarbe*	J	F	M	A	M	J	J	A	S	O	N	D	*Herbst / Winter* *Bemerkung*
Stauden														
Helleborus foetidus **Nieswurz**	50 cm hellgrün		✿	✿	✿									wintergrün
Anemone nemerosa **Busch-Windröschen**	15 cm weiß			✿	✿									
Asarum europaeum **Haselwurz**	10 cm braun			✿	✿	✿								wintergrün
Saxifraga granulata **Körnchen-Steinbrech**	40 cm weiß			✿	✿	✿								
Euphorbia amygdaloides **Mandelblättrige Wolfsmilch**	60 cm grüngelb				✿	✿								wintergrün
Lathyrus vernus **Frühlings-Platterbse**	30 cm violettblau				✿	✿								
Omphalodes verna **Frühlings-Gedenkemein**	20 cm blau				✿	✿								
Hyacinthoides non-scripta **Englisches Hasenglöckchen**	30 cm himmelblau				✿	✿								
Doronicum pardalianches **Kriechende Gämswurz**	80 cm gelb					✿	✿							
Polygonatum odoratum **Salomonssiegel**	30 cm weiß					✿	✿							
Aquilegia vulgaris **Gewöhnliche Akelei**	80 cm blauviolett					✿	✿	✿						
Lathyrus niger **Schwarze Platterbse**	80 cm blau- rotviolett					✿	✿	✿						
Lunaria redivia **Ausdauerndes Silberblatt**	60 cm lila					✿	✿	✿						
Melittis melissophyllum **Immenblatt**	40 cm rosaweiß					✿	✿	✿						
Campanula persicifolia **Pfirsichblättrige Glockenblume**	80 cm hellblau					✿	✿	✿	✿					wintergrün legt sich zum Licht
Vincetoxicum hirundinaria **Weiße Schwalbenwurz**	120 cm gelblich					✿	✿	✿	✿					Herbstfärbung
Pseudofumaria lutea **Gelber Lerchensporn**	30 cm gelb					✿	✿	✿	✿	✿				wintergrün
Bughlossoides purpurocaerulea **Blauroter Steinsame**	30 cm blauviolett					✿	✿	✿						Bodendecker

Bilder rechts: Das duftende Echte Salomonssiegel (links) und die Haselwurz (rechts) schmücken vor allem durch ihre interessanten glänzenden Blätter.

Wissenschaftlicher Name Deutscher Name	Höhe Blütenfarbe	J	F	M	A	M	J	J	A	S	O	N	D	Herbst / Winter Bemerkung
Aegopodium podagra 'Variegata' **Giersch**	100 cm weiß						✿	✿	✿					
Geranium phaeum 'Album' **Brauner Storchschnabel**	50 cm weiß						✿	✿	✿					
Geranium phaeum **Brauner Storchschnabel**	50 cm braunpurpur						✿	✿	✿					
Salvia glutinosa **Klebriger Salbei**	100 cm gelb						✿	✿	✿	✿				
Campanula trachelium **Nesselblättrige Glockenblume**	80 cm hellllilablau							✿	✿	✿				
Verbena officinalis **Echtes Eisenkraut**	80 cm blasslila							✿	✿	✿				
Farne und Gräser														
Polystichum aculeatum **Stacheliger Schildfarn**	80 cm													wintergrün
Polystichum setiferum **Grannen-Schildfarn**	120 cm													
Carex montana **Berg-Segge**	40 cm braunviolett			✿	✿									
Carex ornithopoda **Vogelfuß-Segge**	20 cm bräunlich				✿	✿								wintergrün
Carex alba **Weiße Segge**	40 cm weißlich					✿	✿							wintergrün auf Kalk
Luzula nivea **Schnee-Marbel**	40 cm weiß						✿	✿						wintergrün, Blüte von Hummeln besucht
Gehölze														
Ruscus aculeatus **Stechender Mäusedorn**	80 cm grünlich weiß			✿	✿	✿								immergrün
Vinca minor **Kleines Immergrün**	15 cm blau				✿	✿								wintergrün Bodendecker
Clematis alpina **Alpen-Waldrebe**	200 cm blau, weiß, rosa					✿ ✿ ✿								Rankpflanze
Ligustrum vulgare 'Lodense' **Liguster**	100 cm weiß						✿	✿						duftend giftig

Lebensräume im Schatten schaffen: die Hummelburg

Hummelköniginnen legen ihre Nester gerne in alten Mäusegängen an, und damit gibt es leider auch für die pelzigen Brummer inzwischen Wohnraummangel, weil es weniger Mäuse gibt. Zu unserem Schattenbeet, zu dem uns eine Hummel inspiriert hat, passt es gut, eine Hummelburg anzubieten: fertig gekauft oder selbst gebaut, am besten im trockenen Schatten. Zwischen Stammstücken und anderen Totholzelementen versteckt, fallen auch oberirdische Hummelburgen nicht sonderlich auf.

Schattenbeete anlegen und pflegen

Wie bei jeder Neuanlage sollte der Boden auch bei Schattenbeeten gut vorbereitet werden. Am besten wird der vorhandene Bewuchs entfernt und das Beet gründlich gelockert. Es sollte dann noch eine Weile liegen und wir jäten an trockenen Tagen mehrfach nach. Sobald keine vitalen Besiedler gestörter Standorte mehr nachkommen – üblicherweise »Problemunkräuter« genannt –, kann die Anlage beginnen.

In unserer Natur sind schattige Standorte mehr oder weniger humusreich, weil der Grund für Schatten meist Bäume sind. Aber auch an baumfreien Stellen, zum Beispiel an nach Norden ausgerichteten Felswänden, sammelt sich am Fuß der Felsen Humus an. Der Boden sollte also mit Grünkompost verbessert werden. Bei Neuanlagen kann eine spezielle Waldbodenmischung aufgetragen werden. Sie besteht zu gleichen Teilen aus unkrautfreiem Unterboden, gütegesichertem Grünkompost und Sand.

Liegt das Beet unter Bäumen, kommt zur Trockenheit und zum Schatten der Wurzeldruck der Bäume dazu. Ein eingewachsener Baum mit gut entwickeltem Wurzelsystem hat viel mehr Möglichkeiten, an das wenige Wasser und an die Nährstoffe zu kommen als eine in seinen Wurzelteller gesetzte Staude oder ein dort gepflanztes Gehölz. Wir müssen den Pflanzen bei der Etablierung also etwas helfen. Gießen und Düngen sind im Naturgarten normalerweise nicht nötig – einmal abgesehen davon, dass wir natürlich bei Frühjahrspflanzungen in den Wochen nach der Pflanzung gießen. Aber im Wurzelbereich von Bäumen müssen wir den Pflanzen mit Wasser und Dünger doch längere Zeit helfen, bis sie richtig eingewachsen sind. Wenn der Baum das verträgt, kann man auf den Wurzelbereich die oben erwähnte Waldbodenmischung auftragen und noch etwas organischen Dünger dazugeben. Aber Achtung: Der Auftrag von Boden im Wurzelbereich ist immer ein Problem für den Baum, weil dadurch der Sauerstoffgehalt im Boden sinkt.

Bei der Humusversorgung hilft übrigens das Laub der Bäume, das im Herbst den Boden bedeckt. Es sollte keinesfalls weggeräumt werden. Die Pflanzen brauchen dieses Nährstoffrecycling. Gleichzeitig ist das vergehende Laub ein wichtiger Lebensraum.

Bilder rechts: Zarte blaue Blüten webt die Alpen-Waldrebe im Frühling in den Garten (oben links). Obwohl der Braune Storchschnabel eigentlich an eher feuchten Standorten vorkommt, wächst er im Garten zuverlässig im trockenen Schatten (oben rechts).

unten: Wächst manchmal schwer an, sät sich dann aber zuverlässig aus: der Gelbe Lerchensporn, ein nicht invasiver Neophyt.

Hain-Schwebfliege und Wilde Möhre

Lebensraum Blumenwiese am sonnigen Standort

Pollenbar mit Lockvogel

Lockvögel sind gefangene Wildvögel, die manchmal monatelang im Dunkeln gehalten werden und dann, wenn sie in Käfigen in der Nähe der Jäger aufgehängt werden, plötzlich im Hellen, aus voller Kehle singen. Dort, wo ein Verwandter so wunderbar singt, muss ein guter Platz sein. Vom Zug erschöpfte Vogelschwärme fallen ein: Das ist – immer noch erlaubte – Vogeljagd in der Europäischen Union. Einen »Lockvogel« anderer Art zeigt die Wilde Möhre *(Daucus carota)* ihren Bestäubern.

Bilder links: Magere Blumenwiesen und Wilde Möhre gehören zusammen.

Mit dem richtigen Saatgut können wir die Pracht der Blumenwiesen in den Garten bringen.

Wenn in mageren Blumenwiesen und Säumen die Kräuter um die Wette blühen, wenn es summt und brummt, werden nur jene Pflanzen Samen bilden und sich vermehren, denen es gelingt, Bestäuber anzulocken. Bei manchen Pflanzen gibt es sehr feine Schlüssel-Schloss-Beziehungen, sie bieten ihren Bestäubern ein eigens abgestimmtes Angebot: Solange es zum Beispiel Glockenblumen-Scherenbienen gibt (s. S. 137), werden die Glockenblumen bestäubt werden, auch wenn es viele andere Blüten um sie herum gibt.

Bei der Wilden Möhre ist es anders. Ihren frei präsentierten Pollen und Nektar können viele Insektenarten nutzen. Um attraktiver für Blütenbesucher zu sein, haben Wilde Möhren einen »Lockvogel«: In der Mitte jedes Blütenstandes gibt es eine rein weibliche Blüte, die schwarzviolett gefärbt ist und auch von der Form her an eine kleine Fliege erinnert: Dort sitzt schon jemand, da muss es etwas Gutes geben. Und tatsächlich schwirren zahlreiche Fliegen, Käfer und Bienen über den weißen Blütentellern. Besonders beliebt sind sie bei Schwebfliegen. Viele verschiedene Arten dieser Insektengruppe lassen sich auf den Blütendolden beobachten, es lohnt sich, einmal genau hinzuschauen und ihre Vielfalt zu bestaunen. Nicht unwahrscheinlich, dass wir jeden Tag eine neue Art entdecken werden.

Die Färbung vieler Schwebfliegenarten gleicht der von Insekten mit Giftstachel: Die Mistbiene *(Eristalis tenax)* ähnelt der Honigbiene, die Hornissenschwebfliege

(Volucella zonaria) der Hornisse und etliche Arten tragen die gelb-schwarze Warnzeichnung der Deutschen und der Gewöhnliche Wespe (s. S. 81). Eine dieser an Wespen erinnernden Arten ist die in Gärten häufige Hain-Schwebfliege *(Episyrphus balteatus)*, ihre Larven sind im Nutzgarten als Blattlausjäger beliebt. Es gibt auch Schwebfliegen, deren Larven in Tümpeln, Pfützen oder gar in Jauche leben, wie die der Mistbiene. Schwebfliegen werden oft in größere Höhen verweht, sie gehören damit zum Luftplankton. Mistbienen und Hain-Schwebfliegen suchen diese Höhen sogar entsprechend ihrer genetischen Veranlagung auf und lassen sich im Herbst nach Süden treiben, das heißt, sie wandern genauso wie Vögel. Im Frühjahr gibt es dann die umgekehrte Flugrichtung von Süden nach Norden. Dieser Zug der Schwebfliegen wird an Orten, wo Zugvögel gezählt werden, wie dem Randecker Maar in Baden-Württemberg, aufgenommen. Dabei wurde in den vergangenen Jahren das Insektensterben in alarmierender Weise deutlich: Während früher etwa tausendfünfhundert Tiere pro Tag gezählt wurden, sind es heute nur noch einzelne Individuen, die Erfassung lohnt sich nicht mehr. Kein Wunder, dass die Bestände der Luftplanktonjäger Mehlschwalbe und Mauersegler ebenfalls dramatisch abnehmen.

Wildgemüse und Blütenschmuck

Der Name täuscht nicht: Die Wilde Möhre ist eine der Vorfahrinnen unserer Gartenmöhre, auch wenn ihre Wurzel viel kleiner ist und nicht orange, sondern weiß. Aber auch Wilde Möhren enthalten viel Carotin, zum Beispiel in den Samen. Ihre jungen Wurzeln, Blattrosetten, Blüten und Samen können in der Wildpflanzenküche genutzt werden. Wie unsere Gartenmöhre ist die Wilde Möhre eine zweijährige Pflanze: Im ersten Jahr wird eine Blattrosette gebildet, im zweiten Jahr folgen der lange Blütenstiel und die Samen, danach stirbt die Pflanze ab. Manchmal blüht sie auch schon im selben Jahr.

Die Samen brauchen offenen Boden, um zu keimen, deshalb kommen Wilde Möhren in Säumen und eher mageren Blumenwiesen vor. Eigentlich ist alles an dieser Pflanze zart und fein: die gefiederten Blätter, die vielen kleinen Blüten der Dolden, die Riffelung des Stängels und der Kranz an Hüllblättern, an dem wir die Wilde Möhre von allen anderen bei uns vorkommenden Doldenblütlern unterscheiden können: ein lohnendes Fotoobjekt. Trotz der Feinheit sind Wilde Möhren bei ausreichender Versorgung mit Nährstoffen beeindruckende Pflanzengestalten. Die Blütendolden schweben in großer Zahl in bis zu ein Meter Höhe. Manchmal bekommen Menschen, die Wilde Möhren intensiv berührt haben, einen Hautausschlag. Wenn die Pflanzen von Krankheiten befallen sind, bilden sie einen Stoff (Furocumarin), der die Haut gegenüber UV-Licht empfindlich macht.

Die Pflanzen: Lebensraum Blumenwiese am sonnigen Standort

Wissenschaftlicher Name *Deutscher Name*	*Höhe* *Blütenfarbe*	J	F	M	A	M	J	J	A	S	O	N	D	*Herbst / Winter* *Bemerkung*
Saxifraga granulata **Körnchen-Steinbrech**	40 cm weiß			✿	✿	✿								
Primula veris **Echte Schlüsselblume**	20 cm dunkelgelb				✿	✿								Arzneipflanze duftend
Carum carvi **Wiesen-Kümmel**	50 cm weiß				✿	✿	✿							Arzneipflanze
Anthriscus sylvestris **Wiesen-Kerbel**	90 cm weiß				✿	✿	✿	✿						
Silene dioica **Rote Lichtnelke**	80 cm rot				✿	✿	✿	✿	✿	✿				wintergrün
Campanula patula **Wiesen-Glockenblume**	50 cm blau					✿	✿	✿						wintergrün zweijährig
Crepis biennis **Wiesen-Pippau**	120 cm gelb					✿	✿	✿						wintergrün
Plantago media **Mittlerer Wegerich**	30 cm weißrosa					✿	✿	✿						wintergrün Arzneipflanze
Lotus corniculatus **Gewöhnlicher Hornklee**	30 cm gelb					✿	✿	✿	✿					
Rhinanthus minor **Kleiner Klappertopf**	30 cm gelbweiß					✿	✿	✿	✿					einjährig
Rumex acetosa **Wiesen-Sauerampfer**	30 cm rötlich					✿	✿	✿	✿					wintergrün
Tragopogon pratensis **Wiesen-Bocksbart**	70 cm gelb					✿	✿	✿	✿					zweijährig
Plantago lanceolata **Spitz-Wegerich**	30 cm grün					✿	✿	✿	✿	✿				wintergrün Arzneipflanze
Ranunculus acris **Scharfer Hahnenfuß**	100 cm gelb					✿	✿	✿	✿	✿				
Silene vulgaris **Gewöhnliches Leimkraut**	30 cm weiß					✿	✿	✿	✿	✿				wintergrün
Campanula rotundifolia **Rundblättrige Glockenblume**	25 cm blauviolett					✿	✿	✿	✿	✿	✿			wintergrün
Leucanthemum ircutianum, Leucanthemum vulgare **Wiesenmargerite**	60 cm weiß					✿	✿	✿	✿	✿	✿			wintergrün
Sanguisorba minor **Kleiner Wiesenknopf**	50 cm rötlich grün						✿	✿						wintergrün
Betonica officinalis **Betonie, Heil-Ziest**	50 cm purpurrosa						✿	✿	✿					
Lathyrus pratensis **Wiesen-Platterbse**	60 cm gelb						✿	✿	✿					Rankpflanze
Prunella vulgaris **Gewöhnliche Braunelle**	15 cm blauviolett						✿	✿	✿					wintergrün

Wissenschaftlicher Name Deutscher Name	Höhe Blütenfarbe	J	F	M	A	M	J	J	A	S	O	N	D	Herbst / Winter Bemerkung
Salvia pratensis **Wiesen-Salbei**	50 cm blauviolett						✿	✿	✿					
Centaurea scabiosa **Skabiosen-Flockenblume**	50 cm rotviolett						✿	✿	✿	✿				
Daucus carota **Wilde Möhre**	80 cm weiß						✿	✿	✿	✿				wintergrün zweijährig
Galium verum **Echtes Labkraut**	50 cm gelb						✿	✿	✿	✿				Färberpflanze duftend
Geranium pratense **Wiesen-Storchschnabel**	70 cm blauviolett						✿	✿	✿	✿				Herbstfärbung
Pimpinella saxifraga **Kleine Pimpinelle**	50 cm weißrosa						✿	✿	✿	✿				Arzneipflanze
Achillea millefolium **Gewöhnliche Schafgarbe**	50 cm weiß						✿	✿	✿	✿	✿			wintergrün Arzneipflanze, duftend
Centaurea jacea **Wiesen-Flockenblume**	50 cm rotviolett						✿	✿	✿	✿	✿			
Galium album **Weißes Labkraut**	50 cm weiß						✿	✿	✿	✿	✿			duftend
Hypochaeris radicata **Gewöhnliches Ferkelkraut**	60 cm gelb						✿	✿	✿	✿	✿			wintergrün
Linaria vulgaris **Frauenflachs**	60 cm gelb						✿	✿	✿	✿	✿			Arzneipflanze
Malva moschata **Moschus-Malve**	60 cm rosa						✿	✿	✿	✿	✿			wintergrün Arzneipflanze
Scabiosa columbaria **Tauben-Skabiose**	40 cm blauviolett						✿	✿	✿	✿	✿			wintergrün
Hypericum perforatum **Johanniskraut**	60 cm gelb							✿	✿					Arzneipflanze
Knautia arvensis **Wiesen-Witwenblume**	50 cm lila							✿	✿					
Sanguisorba officinalis **Großer Wiesenknopf**	100 cm weinrot							✿	✿	✿				Arzneipflanze
Scorzoneroides autumnalis **Herbst-Löwenzahn**	40 cm gelb							✿	✿	✿				wintergrün

Gräser

Alopecurus pratense **Wiesen-Fuchsschwanz**

Anthoxanthum odoratum **Gewöhnliches Ruchgras**

Briza media **Gewöhnliches Zittergras**

Bromus erectus **Aufrechte Trespe**

Cynosurus cristatus **Weide-Kammgras**

Festuca ovina aggr. **Schaf-Schwingel**

Festuca pratensis **Wiesen-Schwingel**

Helictotrichon pratense **Echter Wiesenhafer**

Poa angustifolia **Schmalblättriges Rispengras**

Poa pratensis **Wiesen-Rispengras**

In der Fettwieseneinsaat dominiert der gelb blühende Wiesen-Pippau.

Die Pracht der Blumenwiesen

Wilde Möhren brauchen offenen Boden zum Keimen, je magerer der Standort einer Blumenwiese ist, desto eher werden sich die aromatischen Doldenblütler dort halten können. Im Gegensatz zu beweideten oder häufiger gemähten Rasen entwickeln Blumenwiesen keine belastbare Narbe. Sie werden – je nach Nährstoffgehalt des Bodens – nur einmal bis dreimal im Jahr gemäht. Blumenwiesen sind also etwas zum Anschauen, quasi ein großes Blumen-Gräser-Beet. Wir können auf diesen Flächen nicht Fußball spielen oder lagern. Dafür belohnen sie uns aber mit einer Blütenpracht, die ihresgleichen sucht. In der Hauptblütezeit ist eine Blumenwiese ein Magnet für Schmetterlinge, Wildbienen, Käfer und andere Insekten. Da lohnt es sich, einen Rasenweg durch die Wiese zu mähen, damit wir in unser Blütenmeer richtig eintauchen können. Erweitern wir den Rasenweg zu einem kleinen Platz, können wir dort auch einmal an einem Sommertag auf einer Decke liegen und die wilde Welt der Wiese auf kurze Entfernung und von unten betrachten. Denn in den unteren Stockwerken ist viel zu entdecken: Da krabbeln Ameisen und Käfer, hin und wieder huscht vielleicht sogar eine Spitzmaus durch den Wiesen»wald« und sucht ihre Lieblingsspeise, die Schnecken.

Bilder rechts: Wiesen-Bocksbart (oben links)
Im Gegenlicht leuchten die Härchen der Echten Schlüsselblume (oben rechts).

unten: Wiesen-Flockenblume (links) und Echtes Labkraut
(rechts, mit Heil-Ziest) sind zuverlässige Spätblüher.

Ein Landkärtchen besucht die Wilde Möhre.

Wilde Möhre – eine beliebte Bar für viele Wiesenbewohner

Den offen liegenden Pollen und Nektar der Wilden Möhre nutzen nicht nur Schwebfliegen, sondern auch viele andere Insekten: Wildbienen, Faltenwespen, Schlupfwespen, Grabwespen, Fliegen, Käfer, auch Schmetterlinge wie das Landkärtchen. Nur bei Regen und Wind gibt es auf den Dolden nichts zu entdecken. Sind die Blüten dann bestäubt und bildet die Wilde Möhre ihre Samen, kommen bunte Wanzen und saugen daran. Aber keine Angst, es werden noch genug ausfallen und dafür sorgen, dass es im nächsten Jahr wieder eine Pollenbar gibt. Vom Laub der Wilden Möhre ernähren sich die Raupen von zehn verschiedenen Schmetterlingsarten, darunter der wunderschöne Schwalbenschwanz. Dessen Puppen finden sich dann auch oft an den Stängeln abgestorbener Pflanzen. Deshalb ist es am besten, einen Teil der Wiese nicht zu mähen und über den Winter stehen zu lassen. Dann können die Falter auch schlüpfen. Diese Fläche wird erst im nächsten Jahr wieder gemäht. Dafür bleibt dann an einer anderen Stelle der Bewuchs stehen.

Übrigens können wir ein ähnliches Insekten-Gewusel wie auf der Wilden Möhre auch auf anderen Doldenblütlern beobachten, denn bei den meisten Arten werden der Pollen und Nektar den Insekten auf dem großen Teller der Blütendolde frei präsentiert. In Blumenwiesen sind das Wiesen-Kerbel *(Anthriscus silvestris)*, Wiesenbärenklau *(Heracleum sphondylium)*, die Große und die Kleine Bibernelle *(Pimpinella major, Pimpinella saxifraga)*, auf feuchteren Standorten Engelwurz *(Angelica sylvestris)* und verschiedene Silgen *(Selinum)*.

Bilder rechts: Mittlerer Wegerich (links) und Wiesen-Storchschnabel (rechts)

Blumenwiesen anlegen und pflegen

Je magerer der Boden ist, desto bunter und prächtiger wird die Wiese werden. Doch schöne Blumenwiesen können auch auf nährstoffreichen Böden angelegt werden. Voraussetzung für eine blumenbunte Wiese ist vor allem das richtige, standortgerechte und möglichst regionale Saatgut: Nur echtes Wildpflanzensaatgut sollte ausgesät werden. Besonders wichtig sind dabei die eher konkurrenzschwachen Wildgräser, die langsam keimen und sich nicht stark ausbreiten, ganz anders, als das zum Beispiel die Zuchtformen der Rasengräser oder der Gras-Klee-Mischungen tun (s. ab S. 172).

Die langsame Entwicklung der Wildgräser, die für eine erfolgreiche Etablierung der Blumen (Kräuter) so wichtig ist, führt dazu, dass eine gelungene Blumenwieseneinsaat im Jahr der Aussaat immer so aussieht, als wäre etwas schiefgegangen: nur hier und da ein winziges Pflänzchen. Wenn im ersten Jahr schon viele Blumen blühen, sind das meist Klatsch-Mohn, Kornblume oder Korn-Rade, alles einjährige Ackerwildkräuter, die zwar schön aussehen, sich aber nur vermehren können, wenn der Boden wieder umgebrochen wird (eben deshalb finden wir sie auf Ackerflächen). Sie werden den Mischungen beigegeben, um den eher erbärmlichen Anblick des ersten Jahres zu verschönern.

Eigentlich ist es besser, die Blumenwieseneinsaat im ersten Jahr (und nur in diesem!) nach dem ersten Schnitt, dem Schröpfschnitt, häufiger zu mähen, wie einen Rasen. Dann entwickeln die Wildpflanzen kräftige Rosetten. Der Schröpfschnitt sollte mit Sense oder Sichel (bei größeren Flächen mit einem Balkenmäher) vorgenommen werden, wenn der Boden von oben nicht mehr zu sehen ist. Die Pflanzen, die dadurch entfernt werden, sind keine Wiesenpflanzen, sondern einjährige Kräuter wie Melde oder Rainkohl, die auf jeder umgebrochenen Fläche erscheinen. Während der Keimung der Samen sind sie nicht unerwünscht, denn sie beschatten die Einsaat am Anfang etwas und wirken als Ammenpflanzen. Wird ihr Schatten zu stark, werden sie mit dem Schröpfschnitt abgemäht. In frischen Ansaaten sollte nicht gejätet werden, denn beim Herausziehen der Pflanzen lockern wir den Boden und ziehen unabsichtlich etliche Sämlinge mit nach oben, die dann vertrocknen.

Das Umbrechen vor der Einsaat ist unabdingbar für das Gelingen der Blumenwieseneinsaat: Der vorhandene Bewuchs muss vollständig entfernt werden (s. S. 61), sonst haben die zarten Wiesenpflanzen keine Chance.

Hauhechel-Bläuling und Hornklee

Lebensraum Blumenrasen am sonnigen Standort

Blaue Wolken über gelbem Klee

Dort, wo in Europa der Landnutzungswandel noch nicht so weit fortgeschritten ist wie bei uns, kann man sie noch erleben: Wolken kleiner blauer Schmetterlinge, der Bläulinge. Schmetterlinge leiden besonders unter der Intensivierung der Landwirtschaft, denn sie sind sehr empfindlich gegenüber Insektengiften: Viele Falter trinken morgens Tau von den Blättern und nehmen dadurch die am Vorabend – nach der Flugzeit der Bienen – ausgebrachten Insektizide leicht auf. Außerdem ernähren sich die Raupen oft nur von wenigen (einheimischen) Pflanzenarten, manchmal sind sie sogar abhängig von nur einer Art.

Raupenfutter beim Hauhechel-Bläuling *(Polyommatus icarus),* einem früher sehr verbreiteten Schmetterling, sind verschiedene Schmetterlingsblütler, Weißklee *(Trifolium repens),* Hopfen-Klee *(Medicago lupulina),* Hauhechel-Arten *(Ononis),* Bunte Kronwicke *(Securigera varia)* und Hufeisenklee *(Hippocrepis comosa).* Die wichtigste

Bild links oben: Kreative Teilmahd kann den Garten jedes Jahr anders gestalten.
unten: Hornklee (links) und Bläulingshochzeit (rechts)

Eiablagepflanze ist aber der Gewöhnliche Hornklee *(Lotus corniculatus)*. Beide, der Hauhechel-Bläuling und der Hornklee, bevorzugen Magerrasen und magere Wiesen und Weiden. Zum Glück ist diese Schmetterlingsart noch so häufig, dass wir die kleinen blauen Falter mit Sicherheit erwarten können, wenn wir Hornklee im Garten haben.

Gelbes Gold im Rasen

Der niedrige Hornklee ist in ganz Deutschland in mehreren Unterarten verbreitet. Er ist ein typischer Sommerblüher: Seine Blütezeit beginnt im Mai und endet im September. Für die meisten Beetflächen ist er zu konkurrenzstark, denn er enthält ein für Schnecken schädliches, Blausäure abspaltendes Fraßgift. In mageren Rasen ist er dagegen hochwillkommen. Seine bis zu ein Meter lange Pfahlwurzel versorgt ihn bei Trockenheit gut, Wurzelknöllchen liefern ihm auch auf sehr armen Böden ausreichend Stickstoff. Das Vieh frisst Hornklee gerne und die Qualität von Kuhmilch wird dadurch erhöht. Das hat ihn für die Landwirtschaft interessant gemacht und so wurden besonders produktive Sorten gezüchtet. Züchtung ist meist mit einem Rückgang des ökologischen Wertes verbunden und so ist es problematisch, dass die Kulturformen europaweit und auch weltweit ausgebracht werden. Auf anderen Kontinenten breiten sich diese Zuchtformen in der freien Landschaft als invasive Neophyten aus und in Mitteleuropa verdrängen sie die Wildform des Hornklees. So ist es wichtig, dass wir bei Aussaaten auf Flächen, die nicht der Landwirtschaft dienen, die echte Wildform aussäen (s. ab S. 172).

Insbesondere kurz nach der Neuanlage von Rasen und Wiesen breitet sich Hornklee häufig stark aus, geht aber später von alleine zurück. Die gelben Schmetterlingsblüten mit dem in unserer Flora seltenen Anflug von Orangerot erscheinen in großer Zahl. Oft bildet Hornklee goldene Flecken im Rasengrün. Dass er sich nicht überall dauerhaft etablieren kann, liegt vielleicht daran, dass er annähernd selbststeril ist, es braucht also den Pollen einer anderen Pflanze und nicht den eigenen Pollen, um die Narbe der Blüte erfolgreich zu bestäuben. Im besiedelten Raum gibt es dafür einen weiteren Grund: Meist wird er von Hummeln bestäubt und interessanterweise sinkt in stark versiegelter Umgebung die Befruchtungsrate, wenn es in der Nähe Pflanzen gibt, die sehr attraktiv für Hummeln sind. Dieser Effekt wurde auch bei artenreichen Wiesen beobachtet, wenn es in der Nähe Bestände von für Hummeln und andere wenig spezialisierte Bestäuber, so genannte Generalisten, sehr attraktiven Pflanzen gab. Das können Rapsfelder sein oder der invasive Neophyt Drüsiges Springkraut *(Impatiens glandulifera)*. Vielfalt ist wichtiger als Massenproduktion, das gilt auch in Bezug auf Nektar und Pollen.

Weiße Blütenschäume: Taubenkropfleimkraut (links) auf trockeneren Standorten, Wiesen-Schaumkraut (rechts) an feuchteren Stellen

Blumenkräuterrasen – die lebendige Alternative zum eintönigen Scherrasen

Hornklee ist Bestandteil einer guten Blumenrasenmischung, also der blütenreichen Alternative zum »englischen Rasen«. Die Artenzusammensetzung von Blumenkräuterrasen leitet sich von den Pflanzengesellschaften der eher mageren Weiden ab. Durch die Nutzung, insbesondere die Trittbelastung, aber auch das regelmäßige Abweiden, entwickelt sich dort, im Gegensatz zu den Blumenwiesen (s. S. 50), eine mehr oder weniger belastbare Narbe. Die Nutzung als gelegentlich oder auch häufiger gemähte Spiel- und Liegewiese imitiert quasi die Beweidung.

Auf einer extensiv gepflegten Weide gibt es immer wieder an wechselnden Stellen höher aufwachsende und blühende Kräuter, nämlich dort, wo die Tiere nicht weiden, in einer Weidepause, unter dornigen Sträuchern oder in der Nähe von Kuhfladen oder Ameisenhaufen. Dies entspricht im Garten den Säumen vor Gehölzen oder Teilflächen, die wir bewusst von der Mahd ausnehmen. Wir können den dadurch entstehenden Reichtum an Struktur und Blüten sogar gestalterisch nutzen, indem wir den Blüteninseln eine bestimmte Form geben.

Dauerhaft etabliert sich der Hornklee eher auf mageren Flächen, denn dort hat er durch seine Fähigkeit, mithilfe stickstoffsammelnder Bakterien Luftstickstoff als Pflanzennährstoff nutzen zu können, einen Konkurrenzvorteil. Wie bei allen Einsaaten verändert sich auch beim Blumenkräuterrasen die Artenzusammensetzung mit der Zeit und passt sich an den Standort an. Freuen Sie sich also über die goldene Phase Ihres Blumenrasens, denn Sie wissen nicht, ob Ihnen die Art erhalten bleibt.

Die Pflanzen: Lebensraum Blumenrasen am sonnigen Standort

Wissenschaftlicher Name Deutscher Name	Höhe Blütenfarbe	J	F	M	A	M	J	J	A	S	O	N	D	Herbst / Winter Bemerkung
Primula elatior **Hohe Schlüsselblume**	25 cm hellgelb			✿	✿	✿								
Bellis perennis **Gänseblümchen**	15 cm weiß			✿	✿	✿	✿	✿	✿	✿	✿	✿		wintergrün
Primula veris **Echte Schlüsselblume**	20 cm dunkelgelb				✿	✿								Arzneipflanze duftend
Cardamine pratensis **Wiesen-Schaumkraut**	30 cm lilarosa				✿	✿	✿							wintergrün
Carum carvi **Wiesen-Kümmel**	50 cm weiß				✿	✿	✿							Arzneipflanze
Medicago lupulina **Hopfen-Klee**	50 cm gelb				✿	✿	✿	✿	✿	✿				wintergrün
Veronica chamaedris **Gamander-Ehrenpreis**	30 cm blau					✿	✿							wintergrün
Plantago media **Mittlerer Wegerich**	30 cm weißrosa					✿	✿	✿						wintergrün Arzneipflanze
Ranunculus bulbosus **Knolliger Hahnenfuß**	25 cm gelb					✿	✿	✿						
Ajuga reptans **Kriechender Günsel**	15 cm blau					✿	✿	✿	✿					wintergrün
Geranium pyrenaicum **Pyrenäen-Storchschnabel**	50 cm rosaviolett					✿	✿	✿	✿					wintergrün
Hypochaeris maculata **Geflecktes Ferkelkraut**	40 cm gelb					✿	✿	✿	✿					
Lotus corniculatus **Gewöhnlicher Hornklee**	30 cm gelb					✿	✿	✿	✿					
Silene vulgaris **Gewöhnliches Leimkraut**	30 cm weiß					✿	✿	✿	✿	✿				wintergrün duftend
Campanula rotundifolia **Rundblättrige Glockenblume**	25 cm blauviolett					✿	✿	✿	✿	✿	✿			wintergrün
Hieracium pilosella **Kleines Habichtskraut**	25 cm gelb					✿	✿	✿	✿	✿	✿			wintergrün
Leucanthemum vulgare **Magerwiesen-Margerite**	60 cm weiß					✿	✿	✿	✿	✿	✿			wintergrün
Hieracium aurantium **Orangerotes Habichtskraut**	30 cm orange						✿	✿	✿					wintergrün
Prunella vulgaris **Gewöhnliche Braunelle**	15 cm blauviolett						✿	✿	✿					wintergrün
Salvia pratensis **Wiesen-Salbei**	50 cm blauviolett						✿	✿	✿					
Crepis capillaris **Kleinköpfiger Pippau**	50 cm gelb						✿	✿	✿	✿				wintergrün einjährig

Wissenschaftlicher Name Deutscher Name	Höhe Blütenfarbe	J	F	M	A	M	J	J	A	S	O	N	D	Herbst / Winter Bemerkung
Dianthus deltoides **Heide-Nelke**	15 cm karminrot						✿	✿	✿	✿				wintergrün
Galium verum **Echtes Labkraut**	50 cm gelb						✿	✿	✿	✿				Färberpflanze duftend
Origanum vulgare **Gewöhnlicher Dost**	40 cm rosalila						✿	✿	✿	✿				wintergrün
Achillea millefolium **Gewöhnliche Schafgarbe**	50 cm weiß						✿	✿	✿	✿	✿			wintergrün Arzneipflanze
Centaurea jacea **Wiesen-Flockenblume**	50 cm rotviolett						✿	✿	✿	✿	✿			
Galium mollugo **Wiesen-Labkraut**	50 cm weiß						✿	✿	✿	✿	✿			
Leontodon hispidus **Rauer Löwenzahn**	30 cm gelb(orange)						✿	✿	✿	✿	✿			
Scorzoneroides autumnalis **Herbst-Löwenzahn**	40 cm gelb							✿	✿	✿				wintergrün
Thymus pulegioides **Arznei-Thymian**	30 cm rosa							✿	✿	✿				wintergrün duftend

Gräser
Agrostis capillaris **Rotes Straußgras**
Anthoxanthum odoratum **Gewöhnliches Ruchgras**
Cyonosurus cristatus **Weide-Kammgras**
Festuca ovina **Schaf-Schwingel**
Festuca rubra **Rot-Schwingel**
Poa angustifolia **Schmalblättriges Rispengras**
Poa pratensis **Wiesen-Rispengras**

Der hübsche Bienenkäfer ist ein Insektenjäger und kommt nur dort vor, wo es genügend Nahrung für ihn gibt, zum Beispiel in Blumenwiesen.

Der Rasen als Lebensraum

Der mit Unkrautvernichtern kräuterfrei gehaltene, von wenigen Grassorten bewachsene, regelmäßig gedüngte und bewässerte »englische Rasen« ist – nur noch von den geschotterten Vorgärten übertroffen – eine besonders naturferne Art, seinen Garten zu gestalten. Alle Rasenflächen in Blumenwiesen umzuwandeln, hieße aber, das Kind mit dem Bade auszuschütten: Denn zum einen können Blumenwiesen nicht so genutzt werden wie Rasenflächen und zum anderen sind sehr viele Tiere auf das Vorhandensein kurzrasiger Flächen angewiesen. Immerhin ist der Weiderasen ein jahrhunderttausende, sogar einige Millionen Jahre alter Lebensraum.

Auch im Garten gibt es Tiere, die bevorzugt regelmäßig gemähte Rasenflächen besuchen, Rasenameisen zum Beispiel oder der Grünspecht, der dort seine Lieblingsspeise, die Ameisen, findet. Gerade schwärmende Ameisen sind als Teil des Luftplanktons wichtige Nahrung für Vögel wie Mauersegler und Mehlschwalbe. Auch der Gartenrotschwanz oder Dohlen suchen ihre Nahrung gerne auf kurzrasigen Flächen, genauso wie Turmfalken nur dort Mäuse fangen können, wo sie diese gut sehen können: auf Rasenflächen. (Wobei die Mäusejäger eher im öffentlichen Grün, auf größeren Flächen zu finden sind.)

Wenn auf dem Blumenrasen blühende Kräuter Insekten anziehen und zeitweise Inseln stehen gelassen werden, wo auch höhere Pflanzen wie Schafgarbe, Margerite oder Oregano blühen dürfen, haben diese Flächen für Insekten und Insektenjäger viel zu bieten.

Blumenkräuterrasen anlegen und pflegen

Das Anlegen eines Blumenkräuterrasens entspricht dem einer Blumenwiese: Auf der neu anzulegenden Fläche wird zunächst eine »Schwarzbrache« hergestellt, der vorhandene Bestand also entfernt. Das kann durch Abschälen von Rasensoden und Fräsen geschehen oder durch mehrfaches Fräsen bei trockenem Wetter. Nach dem Lockern lässt man die Fläche etwa vierzehn Tage liegen, damit sich der Boden setzt und das Substrat wieder Anschluss an die Bodenkapillaren bekommt, das Wasser also in Trockenphasen von unten nach oben aufsteigen kann.

Dann wird gesät. Das Saatgut wird mit einem Saathelfer gestreckt, denn es ist sehr schwierig, die kleinen Saatgutmengen von etwa 5 g / m² ohne Saathelfer gleichmäßig auf der Fläche zu verteilen. Leicht feuchter Sand hat sich dabei bewährt. Die teils sehr feinen Samen kleben an den Sandkörnern fest und werden so nicht vom Wind verweht. Außerdem ist Sand auf den meisten Böden gut sichtbar und man hat so während des Säens eine Kontrolle, wo schon wie viel Saatgut aufgebracht wurde. Das mit Saathelfer gemischte Saatgut wird in zwei Hälften geteilt und mit jeder der beiden Hälften die gesamte Fläche kreuzweise eingesät (also mit der zweiten Hälfte rechtwinklig zur ersten Hälfte). So hat man eine zweite Chance, wenn man sich bei der ersten Hälfte verschätzt und ungleichmäßig gesät hat. Jetzt darf das Saatgut auf keinen Fall eingeharkt werden, denn die meisten Wildkräuter sind Lichtkeimer und keimen nicht mehr, wenn sie unter der Erdoberfläche liegen. Stattdessen wird das Saatgut mit einer Rasenwalze oder – bei kleineren Flächen – mit einer umgedrehten Schaufel durch Klopfen angedrückt. Die beste Zeit zum Säen ist im Frühjahr, wenn sich der Boden schon erwärmt hat. Das ist dann der Fall, wenn der Löwenzahn anfängt zu blühen.

Wildpflanzensaatgut geht oft sehr langsam auf. Wenn auf der Fläche nach sechs Wochen immer noch nicht viel zu sehen ist, haben Sie wahrscheinlich alles richtig gemacht. Zu Beginn keimen oft einjährige (nicht eingesäte, sondern im Boden ruhende) Kräuter wie Melde oder Gänsedistel. Das ist nicht schlimm, denn sie schaffen ein ausgeglichenes Mikroklima und fungieren als Ammenpflanzung. Wenn sie die Aussaat zu stark beschatten (wenn der Boden von oben nicht mehr zu sehen ist), werden sie mit einem Schröpfschnitt entfernt. Dieser erste Schnitt sollte mit Sense oder Sichel durchgeführt werden, denn für einen Rasenmäher sind die Kräuter dann schon zu hoch und der Rasenmäher würde auch frisch gekeimte Wildgräser und Wildkräuter aus dem Boden ziehen, statt sie abzuschneiden. Das Schnittgut wird vorsichtig abgerecht oder man lässt es bei sonnigem Wetter auf der Fläche trocknen, es sei denn, es ist so viel, dass es eine lichtundurchlässige Matte bilden würde.

Im ersten Jahr darf die Fläche erst belastet werden, wenn eine fast geschlossene Pflanzendecke entstanden ist. Dies wird durch regelmäßige Mahd mit dem Rasenmäher gefördert. Je nach Standortbedingungen kann das nach zwei bis drei Monaten der Fall sein oder erst nach einem halben Jahr.

In den folgenden Jahren orientieren wir uns in der Pflege, also der Häufigkeit der Mahd, an der Nutzung einer Weide: Wir mähen nach Bedarf und ästhetischen Ansprüchen. Das Mahdgut darf, im Gegensatz zu Blumenwiesen, entfernt werden (schließlich verschwindet es auf Weiden auch in den Mägen der Tiere).

Reseden-Maskenbiene und Resede

Lebensraum sonniges Sandbeet am trockenen Standort

Sooo klein und doch eine Wildbiene – die Reseden-Maskenbiene

Dort, wo Reseden blühen, sind sie von sehr kleinen, schwarzen Insekten umschwärmt. Weil diese sehr schnell von einer Blüte zur anderen fliegen, sind sie kaum zu erkennen. Kleine Fliegen? Nein, Wildbienen, Reseden-Maskenbienen *(Hylaeus signatus)*. Sie schwärmen für Reseden und besuchen ausschließlich sie, um Nektar und Pollen zu sammeln. Das Wort »Biene« oder »Bienenschwarm« weckt bei den meisten Menschen unangenehme Erinnerungen. Wer ist als Kind nicht einmal von einer Honigbiene gestochen worden? Dass dieses schmerzhafte Lernerlebnis unser

Bild links oben: Das Gartensandrohr wiegt sich im Spätsommerwind.
unten: Die Blütenkerzen der Resede kontrastieren schön mit den Blüten des Ochsenauges.

Leben lang das Verhalten gegenüber Bienen und Wespen prägt, dient beiden: den Honigbienen, die sicher sein können, von Menschen (und anderen Beutegreifern) in der Regel nicht behelligt zu werden – und uns, weil wir uns gegenüber Bienen so verhalten, dass wir nicht gestochen werden. Für Bienengiftallergiker ist eine besonnene Vermeidung von Kontakt zu Honigbienen sogar lebenswichtig.

Dass die Begegnung mit Insekten unangenehm oder sogar gefährlich sein kann, führt bei vielen aber auch zu panikartigen Reaktionen – nicht nur gegen die Honigbiene. Beim Wort »Bienenschwarm« läuft im Kopf dann sofort eine Art Horrorfilm ab. Im Internet gibt es zahlreiche Tipps, wie man alle möglichen Krabbeltiere wieder loswerden kann, auch die wilden Verwandten der Honigbienen, die Wildbienen. Dabei sind Wildbienen völlig harmlos, dafür umso interessanter und außerdem gefährdet. Jede Resede mit ihren Reseden-Maskenbienen kann zeigen, dass Wildbienen keine Gefahr für Menschen darstellen, zumal sehr viele Wildbienenarten deutlich kleiner als Honigbienen sind.

Selbst wenn viele der kleinen, schwarzen Wildbienen um die Resede herumflitzen, handelt es sich doch nicht um einen »Bienenschwarm«. Die Reseden-Maskenbienen treffen sich lediglich dort, weil sie eben ausschließlich Resedennektar und Resedenpollen für sich und ihre Brut sammeln. Und die Bienenmännchen, die die namensgebende weiße Gesichtsmaske tragen, können sicher sein, dort Weibchen zu treffen. Jedes Weibchen baut in einem Hohlraum sein eigenes Nest. Dabei ist es nicht sonderlich wählerisch, Käferfraßgänge in Holz werden besiedelt – also auch Wildbienennisthilfen mit einem Durchmesser von zwei bis vier Millimetern, aber auch Brombeerstängel oder verlassene Nester anderer Wildbienen.

Reseden – feine helle Blüten im Sandbeet

In Mitteleuropa kommen zwei Reseden-Arten vor: die hohe Färber-Resede *(Reseda luteola),* auch Färberwau genannt, und die niedrigere ausdauernde Gelbe Resede *(Reseda lutea),* auch Gelber Wau. Was für ein seltsamer Name! Er soll sich ableiten von dem lateinischen Wort »lutum« für den Färberwau (»luteus«, gelb). Mit Färberwau kann man Wolle und Seide gelb färben. Heute wird er in Thüringen wieder angebaut, zusammen mit Färber-Waid *(Isatis tictoria),* der zwar auch gelbe Blüten hat, dessen fermentierte Blätter aber blau färben.

Färberwau ist eine Pflanze der nährstoffreichen, offenen Böden und kann somit in Blumenhecken ausgesät werden (s. S. 26). Die niedrigere Gelbe Resede mag es nährstoffärmer und trockener und kommt deshalb gerne auf kalkhaltigen Sandböden vor. Einzelne Exemplare dieser Art blühen noch relativ spät, bis in den September hinein. Sie bildet kompakte, feine Büsche und kann so ein schöner Hintergrund für deutlichere Strukturen und kräftigere Farben sein, wie den Kugelköpfigen Lauch *(Allium sphaerocephalon),* der zur selben Zeit blüht, womit wir eine weitere Maskenbiene in den Garten holen können, die Lauch-Maskenbiene *(Hylaeus punctulatissimus).* Oder wir siedeln die markante Sand-Silberscharte *(Jurinea cyanoides)* an, eine Rarität, die auf kalkhaltigen Binnendünen wie dem Mainzer Sand zu finden ist.

Dünen im Garten

Sommer, Dünen, Meer – eine Erinnerung an Urlaube am Meer können wir mit Sandbeeten und Sandhügeln in den Garten bringen. Das ist gar nicht abwegig, denn auch im Binnenland gibt es Sandheiden und Dünen. Die Kiesgruben, die entlang der großen Flüsse Sand und Kies für den Bau von Häusern und Straßen fördern, zeigen es: Flüsse transportieren Sand und Kies. Bei Überschwemmungen wird der Sand im Uferbereich abgelagert und der Wind kann ihn dann zu Dünen zusammenwehen. Dadurch entstand entlang der großen Flüsse ein vielfältiges kleinräumiges Mosaik aus feuchten Standorten und trockenen Binnendünen, die durch neue Überschwemmungen und Weidetiere immer wieder freigelegt wurden, sodass die Erstbesiedlung der offenen Sande stets neu beginnen konnte: der perfekte Lebensraum für Wildbienen und Reseden.

Im Garten sollte unsere Düne also eher schütter bewachsen sein und der Bewuchs immer wieder geöffnet werden, um auch Rohbodenbesiedlern eine Chance zu geben. Gestalterisch kann ein Hügel Räume unterteilen, Sitzplätzen eine bergende Einfassung geben, vor Lärm schützen und Sichtschutz bieten.

Bilder links: Blau-Gelb durchs Jahr: Das Stiefmütterchen (links) ist ein freundlicher Dauerblüher, der Ähren-Ehrenpreis (rechts) blüht im Spätsommer.

Die Pflanzen: Lebensraum sonniges Sandbeet am trockenen Standort

Wissenschaftlicher Name *Deutscher Name*	*Höhe* *Blütenfarbe*	J	F	M	A	M	J	J	A	S	O	N	D	*Herbst / Winter* *Bemerkung*
Saxifraga granulata **Körnchen-Steinbrech**	40 cm weiß			✿	✿	✿								
Adonis vernalis **Adonisröschen**	30 cm gelb				✿	✿								
Ajuga genevensis **Heide-Günsel**	30 cm blau				✿	✿								
Ornithogalum umbellatum **Dolden-Milchstern**	30 cm weiß				✿	✿								
Euphorbia seguiriana **Steppen-Wolfsmilch**	30 cm gelb				✿	✿	✿							
Cerastium arvense **Acker-Hornkraut**	15 cm weiß				✿	✿	✿	✿	✿					wintergrün
Potentilla verna **Frühlings-Fingerkraut**	10 cm gelb				✿	✿	✿	✿	✿					wintergrün
Viola tricolor **Wildes Stiefmütterchen**	40 cm gelb-blau				✿✿	✿✿	✿✿	✿✿	✿✿	✿✿	✿✿			wintergrün
Fragaria viridis **Knack-Erdbeere**	10 cm weiß					✿	✿							wintergrün
Thymus praecox **Früher Thymian**	5 cm rosa					✿	✿							wintergrün duftend
Veronica prostrata **Liegender Ehrenpreis**	10 cm blau					✿	✿							wintergrün
Alyssum montanum **Berg-Steinkraut**	30 cm gelb					✿	✿	✿						wintergrün
Viscaria vulgaris **Pechnelke**	40 cm dunkelrosa					✿	✿	✿						
Ranunculus bulbosus **Knolliger Hahnenfuß**	25 cm gelb					✿	✿	✿						
Vincetoxicum hirundinaria **Weiße Schwalbenwurz**	120 cm gelblich					✿	✿	✿	✿					Herbstfärbung
Campanula rotundifolia **Rundblättrige Glockenblume**	25 cm blauviolett					✿	✿	✿	✿	✿	✿			wintergrün
Hieracium pilosella **Kleines Habichtskraut**	25 cm gelb					✿	✿	✿	✿	✿	✿			wintergrün
Asperula cyanchica **Hügel-Meier**	15 cm rosa						✿	✿						
Koeleria glauca **Blaugrünes Schillergras**	30 cm braungrün						✿	✿						
Sedum acre **Scharfer Mauerpfeffer**	8 cm gelb						✿	✿						wintergrün
Sedum sexangulare **Milder Mauerpfeffer**	15 cm gelb						✿	✿						wintergrün

Wissenschaftlicher Name Deutscher Name	Höhe Blütenfarbe	J	F	M	A	M	J	J	A	S	O	N	D	Herbst / Winter Bemerkung
Stipa capillata **Haar-Pfriemengras**	80 cm weißlich						✿	✿						
Allium sphaerocephalon **Kugelköpfiger Lauch**	80 cm purpur						✿	✿	✿					
Betonica officinalis **Betonie, Heil-Ziest**	50 cm purpurrosa						✿	✿	✿					
Dianthus carthusianorum **Karthäuser-Nelke**	50 cm purpurrot						✿	✿	✿					wintergrün
Euphorbia cyparissias **Zypressen-Wolfsmilch**	30 cm gelbgrün						✿	✿	✿					
Galium boreale **Nordisches Labkraut**	50 cm weiß						✿	✿	✿					
Ononis spinosa **Dornige Hauhechel**	40 cm rosarot						✿	✿	✿					
Potentilla argentea **Silber-Fingerkraut**	20 cm gelb						✿	✿	✿					wintergrün
Armeria maritima **Gewöhnliche Grasnelke**	20 cm rosa						✿	✿	✿	✿				wintergrün
Dianthus arenarius **Sand-Nelke**	20 cm weiß						✿	✿	✿	✿				wintergrün duftend
Dianthus deltoides **Heide-Nelke**	15 cm karminrot						✿	✿	✿	✿				wintergrün
Galium verum **Echtes Labkraut**	50 cm gelb						✿	✿	✿	✿				Färberpflanze duftend
Gypsophila fastigiata **Ebensträußiges Schleierkraut**	45 cm weiß						✿	✿	✿	✿				
Reseda lutea **Gelbe Resede**	50 cm gelb						✿	✿	✿	✿				zweijährig duftend
Centaurea jacea **Wiesen-Flockenblume**	50 cm rotviolett						✿	✿	✿	✿	✿			
Eryngium campestre **Feld-Mannstreu**	50 cm grünlich							✿	✿					
Hypericum perforatum **Johanniskraut**	60 cm gelb							✿	✿					Arzneipflanze
Veronica spicata **Ähren-Ehrenpreis**	30 cm blau							✿	✿					wintergrün
Helichrysum arenarium **Sand-Strohblume**	40 cm gelb							✿	✿	✿				
Jurinea cyanoides **Sand-Silberscharte**	50 cm rotviolett							✿	✿	✿				duftend
Galatella linosyris **Goldhaaraster**	60 cm gelb								✿	✿				

Die Wüste lebt – wer profitiert noch vom Dünengarten?

Die bunte Blumenwelt der Binnendünen können wir heute nur noch in Naturschutzgebieten bewundern. Außerhalb der Schutzgebiete wurden die Flächen entweder aufgeforstet oder durch Düngung und Bewässerung für die Landwirtschaft nutzbar gemacht. Der eher schüttere, aber bunte Bewuchs der Sandlebensräume ist »vergrünt«.

Viele Tiere sind aber auf schütteren Bewuchs und offene Böden angewiesen, dazu gehören viele Flaggschiffarten des Naturschutzes wie Bienenfresser, Wiedehopf und Blauracke, aber auch viele kleinere und häufigere Tiere, denen wir – im Gegensatz zu den große Flächen benötigenden Hopfen und Racken – in unseren Gärten durchaus geeigneten Lebensraum anbieten können.

Vor allem Insekten lieben die warmen, trockenen Standorte: Wildbienen, die im Boden nisten, wie die Sandbienen (s. S. 147), Heuschrecken, Schmetterlinge und Ameisen. Vielleicht können wir dann Ameisenlöwen *(Mymeleon)* beobachten, wie sie ihre Beute in Fallen fangen. Wer das seltene Glück hat, keine Katzen im Garten zu haben, kann auf Zauneidechsen hoffen, die sich im warmen Sand sonnen und das reiche Insektenleben der Düne als Nahrungsbasis nutzen.

Bilder rechts: Zypressen-Wolfsmilch (links) und Adonisröschen (rechts)

Sandbeete anlegen und pflegen

Sand und Kies sind leicht zu beschaffen, da sie im Hausbau regelmäßig verwendet werden. Wichtig ist, dass wir uns über den Kalkgehalt des Sandes informieren. Reseden lieben Kalk, die auf der vorigen Doppelseite vorgeschlagenen Pflanzen sollten dementsprechend auf einem Sand angesiedelt werden, der Kalk enthält, dessen pH-Wert also über 7 liegt. Wenn uns das Kieswerk oder der Baustoffhändler dazu keine Auskunft geben kann, hilft ein einfacher Bodentest mit einem pH-Messstäbchen oder mit Salzsäure.

Leider kommt es häufig vor, dass Kiessand recht viele Nährstoffe enthält, weil dort, wo ausgekiest wird, vorher oft intensiver Ackerbau betrieben wurde. Dann sollten wir erst einmal eine stickstoffzehrende Gründüngung wie Sonnenblumen und Raps auf dem Hügel aussäen. Der Sand sollte bindig sein, damit der Hügel nicht durch Erosion immer flacher wird, wir wählen also ungewaschenen Sand oder Füllkies.

Wenn das Material keinen Kalk enthält, können wir Pflanzen der sauren Sandheiden ansiedeln oder den Sand mit Kalksplitt oder Kalkschotter mischen, was den Hügel auch stabiler macht. Sand und Kies bleiben aber immer lockerer als Schotter, deshalb dürfen die Hänge unserer Düne nicht zu steil sein. Ein Verhältnis von 1:2 (vertikale Strecke zu horizontaler Strecke) ist aber möglich. Einzelne Steine und Totholzelemente wie Baumstämme oder Wurzelstubben wirken stabilisierend und bringen gleichzeitig ergänzende Lebensraumeigenschaften auf die Fläche.

Blauschwarze Holzbiene und Blasenstrauch

Lebensraum Kalkschotterbeet am sonnigen Standort

Ein unbekanntes Flugobjekt wird immer bekannter

Da brummt ein großes, dunkles Insekt heran – etwa eine Hornisse oder Hummel? Kann die stechen? Wenn solch unbekannte Flugobjekte auftauchen, gibt es schon einmal einen Artikel über »Monsterbienen« in der Zeitung. Wer einen Gelben Blasenstrauch *(Colutea arborescens)* im Garten hat, wird sie immer häufiger beobachten können, die beeindruckend großen, aber völlig harmlosen Blauschwarzen Holzbienen *(Xylocopa violacea)*. Bis in die 1980er-Jahre kam diese in den Mittelmeerländern häufige Wildbiene nur in der wärmsten Region Deutschlands vor, im Oberrheingraben – dort, wo auch der Blasenstrauch seinen Verbreitungsschwerpunkt hat. Inzwischen kann sie überall in Deutschland beobachtet werden, hier zeigt sich wohl der Klimawandel gut ablesbar in unseren Gärten.

Bilder links: Der Blasenstrauch prägt Kalkschotterbeete den ganzen Sommer über (oben). Während schon die ersten Hülsen erscheinen, blüht die Pflanze immer noch (unten).

Holzbienen besuchen nicht nur Blasensträucher, sondern auch andere großblütige Schmetterlingsblütler wie Breitblättrige Wicke *(Lathyrus latifolius)*, Glyzinie (Wisteria-Arten) oder die Blüten des Muskatellersalbeis *(Salvia sclarea)*. Für die fast drei Zentimeter große Biene ist es ein Leichtes, die großen Blüten zu öffnen. In kleinere Blüten kommt sie aufgrund ihrer Größe nicht hinein, kann aber mit ihrem kräftigen Saugrüssel von der Seite ein Loch bohren und so an den Nektar gelangen – ganz ohne »Bestäubungsdienst«.

Holzbienen brechen nicht nur mit ihrer Größe Rekorde, auch ihre Lebensdauer ist für eine Wildbiene außergewöhnlich lang: Die erwachsenen Tiere überwintern in Spalten, in der Erde oder in morschem Holz, wo die Weibchen im Frühjahr ihre fingerdicken Brutgänge anlegen, die also viel größer sind als die Gänge, die kleinere Wildbienenarten nutzen. Nach dem Anlegen der Brutzellen stirbt die Elterngeneration nicht sofort, sodass die Holzbiene eine der wenigen Wildbienenarten ist, wo Eltern und Nachkommen zur selben Zeit leben. Ach ja – stechen können Holzbienen zwar, sie sind aber überhaupt nicht aggressiv und nutzen ihren Stachel nur in größter Not. Wer sollte denn auch die Brut versorgen, falls die Biene nach dem Stich erschlagen wird? Der Stich ist übrigens wesentlich weniger schmerzhaft als der einer Honigbiene.

Der Blasenstrauch – hier wird durchgeblüht

Blasensträucher sind sehr dekorativ. Sie wachsen von Natur aus aufrecht und locker, wie ein riesiger Blumenstrauß. Und sie zählen zu den wenigen Sträuchern, die fast den ganzen Sommer über blühen, nämlich von Mai bis August. Im späteren Sommer hängen die attraktiven blasigen Hülsen neben den Blüten. Auch die unpaarig gefiederten Blätter wirken sehr dekorativ. Sind sie im Herbst abgefallen, bleiben die Hülsen oft am Strauch hängen und schmücken noch lange unseren Garten.

Den Namen »Blasenstrauch« bekam die Pflanze zu Recht: Die Hülsen sind luftundurchlässig und blasen sich durch die Atmung des Gewebes auf. Ein heftiger Wind kann sie mit ihrer Samenfracht wie kleine Luftballons vor sich her treiben, so können sich die Pflanzen auch über weitere Strecken verbreiten. Allerdings brauchen sie trockene, heiße und kalkhaltige Standorte – der Blasenstrauch wird also auch in unseren durch die Klimaerwärmung überhitzten Städten gut gedeihen können. Vorerst verhält er sich noch ein bisschen primadonnenhaft und wintert öfters einmal aus. Sämlinge sind häufig dauerhafter, was übrigens für viele Sträucher gilt, die zu den Schmetterlingsblütlern zählen. Vertreter dieser botanischen Unterfamilie sind eher kurzlebig und erhalten sich im Beet über Selbstaussaat. Es geht also darum,

Sämlinge zu erhalten, wenn sie an Orten aufgehen, wo sie gestalterisch passen, und sie nur dort zu jäten, wo der markante Strauch keinen Platz finden kann.

Leider ist oft nicht die einheimische Wildart im Handel, sondern es wird ein Hybrid angeboten, *Colutea × media,* eine Kreuzung mit *Colutea orientalis.* Beide, die Gartenform und der aus dem Kaukasus stammende Kreuzungspartner, können an ihren orangen Blüten erkannt werden. Der einheimische Gelbe Blasenstrauch hat dagegen gelbe Blüten.

Je magerer, desto besser

Eine der Hauptursachen für den Rückgang der Biodiversität ist das Verschwinden von Standorten mit »schlechten Böden«: Nasse Böden werden entwässert, saure Böden werden aufgekalkt, trockene werden bewässert, arme gedüngt. Durch das chemische Haber-Bosch-Verfahren ist es einfach, aus dem Stickstoff der Luft Ammoniak zu synthetisieren. Diese Synthese ist für etwa zwei Prozent des weltweiten gewerblichen Energieverbrauchs verantwortlich. Die daraus hergestellten Kunstdünger erhöhen die Produktivität von Böden, auf denen früher nur geringe Erträge möglich waren. Zusätzlich führt die Luftverschmutzung zu einem Eintrag von Stickstoffsalzen und erhöht damit den Gehalt an Pflanzennährstoffen im Boden.

Dünger fördert das Wachstum der Gräser, die dann die Blumen verdrängen: Unsere Landschaft ist »vergrünt«. Früher nur schütter bewachsene Böden sind heute dicht bewachsen. Die so mit Nährstoffen und Wasser gut versorgten Böden werden landwirtschaftlich intensiv genutzt. Die Vielfalt der Lebensgemeinschaften der unterschiedlichen Böden und Standorte, die früher unsere Landschaft prägten, findet sich fast nur noch in Schutzgebieten. Maisäcker so weit das Auge reicht, wo kein Vogel singt und kein Insekt mehr summt, prägen ganze Landstriche.

Im Garten können wir diesen Verlust der sogenannten »Grenzstandorte« nicht ausgleichen. Doch einige Tiere und Pflanzen, die in unserer Normallandschaft selten geworden sind, können wir in den Garten einladen, wenn wir dort magere Böden erhalten oder schaffen.

Magere Standorte haben einen weiteren Vorteil: Wenn wir keinen fruchtbaren Ackerboden im Garten haben, gibt es auch die typischen Besiedler gestörter und nährstoffreicher Böden – nichts anderes ist Ackerboden – immer weniger, also Pflanzen wie Ackerkratzdistel, Ackerwinde, Ackerschachtelhalm, Brennnessel ... der »unkrautfreie Garten« rückt mit mageren Böden in Reichweite. Ackerboden ist die Grundlage unserer Ernährung, naturschutzfachlich aber ein nicht natürlich vorkommender Boden.

Garchinger Heide bei München: Im Naturschutzgebiet gibt es noch Magerrasen, direkt angrenzend zerstört intensiver Maisanbau die artenreiche Vegetation.

Die Pflanzen: Lebensraum Kalkschotterbeet am sonnigen Standort

Wissenschaftlicher Name *Deutscher Name*	*Höhe* *Blütenfarbe*	J	F	M	A	M	J	J	A	S	O	N	D	*Herbst / Winter* *Bemerkung*
Muscari neglectum **Weinbergs-Träubel**	20 cm blau-weiß			✿✿	✿✿									wintergrün Geophyt
Pulsatilla vulgaris **Gewöhnliche Küchenschelle**	20 cm violett			✿	✿									
Saxifraga granulata **Körnchen-Steinbrech**	40 cm weiß			✿	✿	✿								
Ajuga genevensis **Heide-Günsel**	30 cm blau				✿	✿								
Primula veris **Echte Schlüsselblume**	20 cm dunkelgelb				✿	✿								Arzneipflanze duftend
Globularia bisnagarica **Gewöhnliche Kugelblume**	30 cm blauviolett				✿	✿	✿							wintergrün
Cerastium arvense **Acker-Hornkraut**	15 cm weiß				✿	✿	✿	✿	✿					wintergrün
Potentilla verna **Frühlings-Fingerkraut**	10 cm gelb				✿	✿	✿	✿	✿					wintergrün
Anthyllis vulneraria **Gewöhnlicher Wundklee**	50 cm gelb				✿	✿	✿	✿	✿	✿				wintergrün

Wissenschaftlicher Name Deutscher Name	Höhe Blütenfarbe	J	F	M	A	M	J	J	A	S	O	N	D	Herbst / Winter Bemerkung
Thymus praecox **Früher Thymian**	5 cm rosa					✿	✿							wintergrün duftend
Achillea nobilis **Edel-Schafgarbe**	50 cm cremeweiß					✿	✿	✿						
Aquilegia vulgaris **Gewöhnliche Akelei**	80 cm blauviolett					✿	✿	✿						
Filipendula vulgaris **Kleines Mädesüß**	50 cm weiß					✿	✿	✿						wintergrün
Campanula persicifolia **Pfirsichblättrige Glockenblume**	80 cm hellblau					✿	✿	✿	✿					wintergrün legt sich zum Licht
Linum austriacum **Österreichischer Lein**	60 cm blau					✿	✿	✿	✿					
Silene vulgaris **Gewöhnliches Leimkraut**	30 cm weiß					✿	✿	✿	✿	✿				wintergrün duftend
Hieracium pilosella **Kleines Habichtskraut**	25 cm gelb					✿	✿	✿	✿	✿	✿			wintergrün
Silene armeria **Echtes Nelkenleimkraut**	60 cm rot						✿	✿						einjährig
Veronica teucrium **Großer Ehrenpreis**	30 cm lichtblau						✿	✿						
Allium schoenoprasum **Schnitt-Lauch**	40 cm rotviolett						✿	✿	✿					
Betonica officinalis **Betonie, Heil-Ziest**	50 cm purpurrosa						✿	✿	✿					
Campanula rapunculoides **Acker-Glockenblume**	60 cm blauviolett						✿	✿	✿					
Campanula rapunculus **Rapunzel-Glockenblume**	50 cm blaulila						✿	✿	✿					zweijährig
Dianthus armeria **Raue Nelke**	40 cm rot						✿	✿	✿					wintergrün
Dianthus carthusianorum **Karthäuser-Nelke**	50 cm purpurrot						✿	✿	✿					wintergrün
Echium vulgare **Gewöhnlicher Natternkopf**	70 cm blau						✿	✿	✿					wintergrün zweijährig
Geranium sanguineum **Blut-Storchschnabel**	30 cm rotkarmin						✿	✿	✿					Herbstfärbung
Legousia speculum veneris **Echter Frauenspiegel**	20 cm blau						✿	✿	✿					einjährig
Ononis spinosa **Dornige Hauhechel**	40 cm rosarot						✿	✿	✿					
Prunella grandiflora **Großblütige Braunelle**	20 cm hellviolett						✿	✿	✿					
Salvia pratensis **Wiesen-Salbei**	50 cm blauviolett						✿	✿	✿					

Fortsetzung nächste Seite

Pflanzentabelle: Lebensraum Kalkschotterbeet am sonnigen Standort

Wissenschaftlicher Name Deutscher Name	Höhe Blütenfarbe	J	F	M	A	M	J	J	A	S	O	N	D	Herbst / Winter Bemerkung
Buphthalmum salicifolium **Ochsenauge**	50 cm gelb						✿	✿	✿	✿				
Campanula glomerata **Knäuel-Glockenblume**	60 cm blau						✿	✿	✿	✿				wintergrün
Centaurea scabiosa **Skabiosen-Flockenblume**	50 cm rotviolett						✿	✿	✿	✿				
Galium verum **Echtes Labkraut**	50 cm gelb						✿	✿	✿	✿				Färberpflanze duftend
Helianthemum nummularium **Gewöhnliches Sonnenröschen**	15 cm gelb						✿	✿	✿	✿				wintergrün
Reseda lutea **Gelbe Resede**	50 cm gelb						✿	✿	✿	✿				wintergrün duftend
Centaurea cyanus **Kornblume**	80 cm blau						✿	✿	✿	✿	✿			wintergrün einjährig
Centaurea jacea **Wiesen-Flockenblume**	50 cm rotviolett						✿	✿	✿	✿	✿			
Jasione montana **Berg-Jasione**	50 cm blau						✿	✿	✿	✿	✿			wintergrün
Scabiosa columbaria **Tauben-Skabiose**	40 cm blauviolett						✿	✿	✿	✿	✿			wintergrün
Stachys recta **Aufrechter Ziest**	60 cm weißgelb						✿	✿	✿	✿	✿			
Cirsium acaulon **Stängellose Kratzdistel**	10 cm purpurrot							✿	✿					
Inula salicina **Weidenblättriger Alant**	40 cm gelb							✿	✿					
Knautia arvensis **Wiesen-Witwenblume**	50 cm lila							✿	✿					
Carlina vulgaris **Golddistel**	30 cm strohgelb							✿	✿	✿				
Falcaria vulgaris **Gewöhnliche Sichelmöhre**	80 cm weiß							✿	✿	✿				
Hylotelephium telephium **Purpur-Waldfetthenne**	40 cm purpurrot							✿	✿	✿				
Thymus pulegoides **Arzneithymian**	30 cm rosapurpur							✿	✿	✿				wintergrün duftend
Verbascum densiflorum **Großblütige Königskerze**	130 cm gelb							✿	✿	✿				wintergrün zweijährig
Verbascum lychnites **Mehlige Königskerze**	120 cm gelb							✿	✿	✿				wintergrün zweijährig
Cichorium intybus **Gewöhnliche Wegwarte**	80 cm blau							✿	✿	✿	✿			
Aster amellus **Berg-Aster**	40 cm blau								✿	✿	✿			

Je magerer, desto besser: Sonnenröschen, Natternkopf und Gewürzsalbei

Insektenmagnet

Schotterbeete sind wahre Insektenmagneten, als wechselwarme Tiere lieben viele Insekten die sonnigen und warmen Standorte. Je schütterer sie bewachsen sind, desto mehr können die Steine die Strahlungswärme der Sonne reflektieren, aber auch speichern. Die Wildstauden und Wildgehölze bleiben in der Sommerhitze grün (im Gegensatz zu Gräsern) und ihre Blüten leuchten weit. Das lockt auch Tiere an, die sich von Insekten ernähren, zum Beispiel Reptilien, Vögel, Spinnen oder Laufkäfer.

Auch Totholzelemente kann man gut in solchen mageren, sonnigen Bereichen integrieren, denn viele Insekten, deren Larven sich in Totholz entwickeln, profitieren von der Sonnenwärme. Aufrecht eingegrabene Laubholzstämme können in der Art von Insektennisthilfen angebohrt werden. Dann brauchen die Wildbienen, die die vielen Wildblumen besuchen, nicht weit bis zu ihrer Niströhre zu fliegen. Liegendes, morsches Totholz kann gleich von den Holzbienen besiedelt werden. Solche Elemente können künstlerisch gestaltet werden und machen damit deutlich, dass es sich um einen überlegt geplanten Garten handelt, sie sind sozusagen das gestalterische Ausrufezeichen: »Ja, dieser Garten sieht ungewöhnlich aus, entdecke warum.«

Blut-Storchschnabel im Kalkschotterhang

Kalkschotterbeete anlegen und pflegen

Am einfachsten ist die Anlage von Magerstandorten, wenn der Garten nach dem Hausbau neu gestaltet wird: Statt Mutterboden zu kaufen, bringen wir an geeigneten Stellen Natursteinschotter auf. Damit der Transport des Materials nicht so energieaufwändig ist, wählen wir einen lokal vorkommenden Schotter oder Brechkies. Am schönsten ist es, wenn wir die Möglichkeit haben, mit Kalkschotter zu arbeiten, da die Pflanzengesellschaften, die auf Kalkfelsen oder Kalkmagerrasen wachsen, besonders attraktive Wildpflanzen bieten.

Die Dicke der Schotterauflage sollte bei 30 Zentimetern liegen und kann auch dicker sein. Aber selbst eine 10 Zentimeter dicke Schicht aus Schotter, leicht gemischt mit Unterboden, die nach Abziehen des Oberbodens angelegt wird, bringt schon eine ganze Menge als Standort für Pflanzen der Magerstandorte. Unter der Schotterschicht sollte sich allerdings kein verdichteter Lehmboden finden, zum Beispiel keine Flächen, die für den Hausbau als Lagerplatz genutzt oder häufig überfahren wurden. Der Untergrund sollte vor dem Auftrag des Schotters gründlich gelockert werden, notfalls tiefgründig mit einem Bagger, wobei natürlich sorgfältig darauf zu achten ist, dass durch den Bagger nicht an anderer Stelle des Gartens Bodenverdichtungen entstehen. Also keinesfalls bei nassem Boden arbeiten. So kann übrigens auch in öffentlichen Flächen, zum Beispiel bei der Neuanlage von Straßenbegleitgrün, verfahren werden. Der Standort für unser Schotterbeet sollte möglichst sonnig sein oder zumindest halbschattig. In der Natur entsteht Schatten meist durch Bäume, besonders im Wald. Damit einher geht der Laubabwurf der Bäume, sodass schattige Standorte eher nährstoffreich sind. Selbst auf felsigen Böden entstehen in Wäldern nährstoffreichere Humusauflagen. So gibt es nur wenige Pflanzen, die gut an schattigen, mageren und trockenen Standorten wachsen (s. S. 39).

Bilder rechts: Blut-Storchschnabel überrascht mit orangeroter Herbstfärbung (links). Grünwidderchen auf Ackerwitwenblume (rechts)

Es ist nun bei einer Umgestaltung nicht unbedingt notwendig, die oberen 30 Zentimeter eines Beetes abzutragen und auf die Deponie zu fahren. Viel schöner und nachhaltiger ist es, den Kalkschotter in Hügeln oder Wällen aufzubringen. So kann ein kleiner Kalkschotterwall zum Beispiel im Vorgarten zur Straße hin oder an der Terrasse eine schöne Abgrenzung schaffen.

Wichtig ist, dass der Schotter Feinanteile enthält, damit Wasser in Trockenzeiten kapillar aufsteigen kann. Solche Schotter sind in den Angebotslisten der Baustoffhändler daran zu erkennen, dass die Bezeichnung der Körnung mit einer Null anfängt. Wir bestellen also die Körnung 0/16, 0/32, 0/45 oder 0/56. Je größer die zweite Zahl ist, desto größer sind die größten Steine der Mischung: Sie gibt die Maschenweite (in Millimetern) an, durch die das Material gerade noch fällt. Auf den fertig modellierten Schotter wird eine dünne Schicht gütegesicherter Grünkompost aufgetragen (10 bis 30 Liter pro Quadratmeter), die leicht eingeharkt wird. Auch in die Pflanzlöcher kommen einige Hände voll Grünkompost. Bitte keinen eigenen Gartenkompost verwenden. Bei gütegesichertem Kompost können wir sicher sein, dass das Material während der Rotte 60 Grad Celsius heiß wurde, wodurch alle Samen und Krankheitserreger abgetötet wurden. Bei Gartenkompost gehen in der Regel zahlreiche Melden, Gänsedisteln und andere einjährige unerwünschte Kräuter auf, die dann mühsam gejätet werden müssen.

Es ist ratsam, die Pflanzen im Schotter etwas tiefer zu pflanzen als üblich, also nicht so, dass die Oberseite des Ballens an der Oberfläche zu liegen kommt, denn Schotter setzt sich immer noch ein wenig und die Ballen der Pflanzen setzen sich nicht mit. Sie »schwimmen« dann quasi auf. Und ragt der Ballen einer Staude erst einmal oben heraus, stirbt die Pflanze in der Regel. Nach dem Pflanzen können noch einzelne Arten gesät werden, zum Beispiel die inzwischen selten gewordenen einjährigen Arten Kornblume, Feld-Rittersporn oder Venusspiegel. Das Saatgut wird wie beim Einsäen von Blumenwiesen oder Blumenrasen mit Saathelfer, zum Beispiel leicht feuchtem Sand, vermischt und dann kreuzweise aufgetragen (s. S. 61). Es ist kein Problem, im Anschluss die ganze Fläche zu walzen, wenn um die Gehölze ein Bogen gemacht wird. Frisch gepflanzte Stauden halten einmaliges Walzen mit der Rasenwalze gut aus.

Garten-Wollbiene und Heil-Ziest

Lebensraum Trockenmauer am sonnigen Standort

Nicht alles, was aussieht wie eine Wespe, ist auch eine Wespe

Insekten mit schwarz-gelb gestreiftem Körper senden eine Botschaft, die alle verstehen: Friss mich nicht, ich steche und dann tut es weh. Wer einmal von einer Wespe gestochen wurde, hat das gelernt. Bei uns gibt es unter den zahlreichen Wespenarten zwei, die schnell mit einem Stich auf Störungen reagieren: Die Deutsche Wespe *(Vespula germanica)* und die Gewöhnliche Wespe *(Vespula vulgaris)*, alle anderen Wespenarten sind ziemlich friedlich. Daneben tragen viele Tierarten – meist ohne Stachel – ebenfalls diese Warnfärbung, mit dem Vorteil, dass sie nicht gefressen werden, ohne in einen wehrhaften Stechapparat und die Bevorratung von größeren Mengen Gift investieren zu müssen: viele Schwebfliegenarten (s. S. 46), manche Käfer

Bilder links: Heil-Ziest auf einer Mauerkrone: idealer Lebensraum für Wollbienen
oben: Die Garten-Wollbiene besucht auch die Blüten des Aufrechten Ziests.

Küchenschellen sind schöne Frühblüher.

und auch Wildbienen, zum Beispiel die Garten-Wollbiene *(Anthidium manicatum)*. Vor Wollbienen und allen anderen Wildbienenarten brauchen wir keine Angst zu haben: Bis auf wenige Ausnahmen ist ihr Stachel so klein, dass er die menschliche Haut nicht durchdringen kann, und außerdem leben die meisten Wildbienen nicht in Völkern, haben also keinen Grund, ihren Brutplatz so zu verteidigen, wie wir das vom Haustier Honigbiene gewohnt sind. Wollbienenmännchen haben Reviere und wir können ihr interessantes Verhalten dort beobachten, wo wir Ziest *(Stachys)* gepflanzt haben. Sie besuchen zwar die Blüten verschiedener Pflanzen aus den Familien der Schmetterlingsblütler, Rachenblütler und Lippenblütler, besonders beliebt sind aber Ziest-Arten oder auch Herzgespann *(Leonurus cardiaca)*. Über blühendem Heil-Ziest *(Betonica officinalis)* oder Aufrechten Ziest *(Stachys recta)* können wir an sonnigen Tagen mit ziemlicher Sicherheit patrouillierende Wollbienenmännchen beobachten. Sie verteidigen ihr Revier gegen andere Wollbienen, aber auch gegen andere Wildbienen, sogar Hummeln. Kommt ein Wollbienenweibchen und saugt den Nektar oder sammelt den Pollen der Ziest-Blüten, wird es begattet.

Damit es im nächsten Jahr wieder Wollbienen geben kann, braucht das Wollbienenweibchen jetzt Pflanzenhaare, zum Beispiel von den Blättern der Königskerzen oder Flockenblumen oder von behaarten Samen, zum Beispiel Pappelsamen. Damit polstert es einen Hohlraum für die Eiablage aus, zum Beispiel in einer Trockenmauer. Für jedes Ei wird eine eigene Brutzelle angelegt, in die Pollen und Nektar als Futter für die Larve eingetragen werden. Der Hohlraum wird anschließend mit Pflanzenhaaren und anderen Pflanzenteilen verschlossen.

Heil-Ziest

Der Heil-Ziest ist eine wunderbare Wildpflanze für magere Beete, und nicht nur Wollbienen, sondern auch viele andere Insekten nutzen seinen Nektar und Pollen. Die rosaroten Blütenstände stehen an den Enden straff aufrechter Stiele und erinnern beim ersten Hinschauen an Orchideen. Die dem Boden anliegende Blattrosette bleibt auch über den Winter grün. Nach dem Verblühen stehen die Blütenstängel bis ins Frühjahr aufrecht und ergeben so im Winter ein schönes Bild, vor allem wenn sie mit weichen Gräsern kombiniert werden. Das Wimper-Perlgras *(Melica ciliata)* ist von der Höhe her gut geeignet und liebt wie der Heil-Ziest magere, sonnige Standorte. Heil-Ziest ist ein typischer attraktiver »Wintersteher«.

Sein Name erzählt davon, dass er im Mittelalter als Heilpflanze mit einem breiten Wirkungsspektrum geschätzt wurde, gegen Magen- und Darmbeschwerden, Asthma, schlecht heilende Wunden, aber auch gegen »Hexen«. Deshalb wurde er wohl auch gerne um Kirchen gepflanzt. Heute werden wir Heil-Ziest eher als Bitterkraut in der Küche oder in Teemischungen nutzen, die Blüten können als essbare Dekoration über Salate gestreut werden.

Erstaunlich mag es scheinen, dass Heil-Ziest auch in Mooren vorkommt. Eine Pflanze, die mit den Füßen im Wasser stehen kann und gleichzeitig gerne auf der Mauerkrone einer Trockenmauer wächst – wie kann das sein? Entscheidend ist die Nährstoffarmut, nur dann wird Heil-Ziest nicht von konkurrenzstärkeren Pflanzen überwachsen.

Trockenmauern für die Wollbiene

Trockenmauern fangen Hänge ab, dienen als Sitzmöglichkeiten oder bilden deutlich sichtbare Raumgrenzen. Auch Laien können unter fachkundiger Anleitung das Aufrichten von Trockenmauern erlernen. Wichtig ist, dass die Steine ausreichend schwer sind und dass die Fugenregeln beachtet werden. An keiner Stelle dürfen mehr als drei Fugen aufeinandertreffen, Kreuzfugen sind also verboten, aber auch die vertikalen Stoßfugen dürfen nicht von oben nach unten durchgehen. Es ist wichtig, dass die Mauer nicht mit Erde in Kontakt kommt, die Wasser speichert und sich deshalb im Frost ausdehnt. Deshalb errichten wir die Mauer auf einem Schotterfundament und hinterfüllen sie mit Schotter. Hinter einer Trockenmauer befindet sich also immer ein schmaler Streifen Schotter. Was liegt näher, als diesen Streifen etwas größer anzulegen und ein mageres Schotterbeet zu gestalten? Dort wachsen dann die bevorzugten Nahrungspflanzen der Wollbienen, und in den Hohlräumen der Mauer können die Weibchen ihre Brutzellen anlegen.

Die Pflanzen: Lebensraum Trockenmauer am sonnigen Standort

Wissenschaftlicher Name *Deutscher Name*	*Höhe* *Blütenfarbe*	J	F	M	A	M	J	J	A	S	O	N	D	*Herbst / Winter* *Bemerkungen*
Draba aizoides **Immergrünes Felsenblümchen**	10 cm gelb			✿	✿									wintergrün
Potentilla incana **Sand-Fingerkraut**	15 cm gelb			✿	✿	✿								wintergrün
Saxifraga granulata **Körnchen-Steinbrech**	40 cm weiß			✿	✿	✿								
Ajuga genevensis **Heide-Günsel**	30 cm blau				✿	✿								
Globularia bisnagarica **Gewöhnliche Kugelblume**	30 cm blauviolett				✿	✿	✿							wintergrün
Potentilla verna **Frühlings-Fingerkraut**	10 cm gelb				✿	✿	✿	✿	✿					wintergrün
Saponaria ocymoides **Rotes Seifenkraut**	20 cm rosa					✿	✿							wintergrün
Thymus praecox **Früher Thymian**	5 cm rosa					✿	✿							wintergrün duftend
Alyssum montanum **Berg-Steinkraut**	30 cm gelb					✿	✿	✿						wintergrün
Silene nutans **Nickendes Leimkraut**	60 cm weiß					✿	✿	✿	✿					duftend
Petrorhagia prolifera **Sprossende Felsennelke**	50 cm rosa					✿	✿	✿	✿	✿				wintergrün einjährig
Campanula rotundifolia **Rundblättrige Glockenblume**	25 cm blauviolett					✿	✿	✿	✿	✿	✿			wintergrün
Hieracium pilosella **Kleines Habichtskraut**	25 cm gelb					✿	✿	✿	✿	✿	✿			wintergrün
Asperula cynanchica **Hügel-Meier**	15 cm rosa						✿	✿						
Sedum acre **Scharfer Mauerpfeffer**	8 cm gelb						✿	✿						wintergrün
Sedum sexangulare **Milder Mauerpfeffer**	15 cm gelb						✿	✿						wintergrün
Acinos arvensis **Gewöhnlicher Steinquendel**	30 cm violett						✿	✿	✿					wintergrün
Euphorbia cyparissias **Zypressen-Wolfsmilch**	30 cm gelbgrün						✿	✿	✿					
Geranium sanguineum **Blut-Storchschnabel**	30 cm rotpurpur						✿	✿	✿					Herbstfärbung
Sedum album **Weiße Fetthenne**	10 cm weiß						✿	✿	✿					wintergrün
Potentilla argentea **Silber-Fingerkraut**	20 cm gelb						✿	✿	✿					wintergrün

Wissenschaftlicher Name Deutscher Name	Höhe Blütenfarbe	J	F	M	A	M	J	J	A	S	O	N	D	Herbst / Winter Bemerkungen
Prunella grandiflora **Großblütige Braunelle**	20 cm hellviolett						✿	✿	✿					
Teucrium chamaedrys **Edel-Gamander**	25 cm hellviolett						✿	✿	✿					wintergrün
Teucrium montanum **Berg-Gamander**	20 cm blassgelb						✿	✿	✿					wintergrün
Dianthus deltoides **Heide-Nelke**	20 cm karminrot						✿	✿	✿	✿				wintergrün
Helianthemum nummularium **Gewöhnliches Sonnenröschen**	15 cm gelb						✿	✿	✿	✿				wintergrün
Thymus serpyllum **Sand-Thymian**	10 cm rosapurpur						✿	✿	✿	✿	✿			wintergrün duftend
Petrorhagia saxifraga **Felsennelke**	20 cm rosaweiß							✿						wintergrün
Sedum reflexum **Tripmadam**	20 cm gelb							✿	✿					wintergrün
Thymus pulegoides **Arznei-Thymian**	30 cm rosapurpur							✿	✿	✿				wintergrün duftend

Pflanzen für den Mauerkopf der Trockenmauer am sonnigen Standort

Wissenschaftlicher Name Deutscher Name	Höhe Blütenfarbe	J	F	M	A	M	J	J	A	S	O	N	D	Herbst / Winter Bemerkungen
Pulsatilla vulgaris **Gewöhnliche Küchenschelle**	20 cm violett			✿	✿									
Ajuga genevensis **Heide-Günsel**	30 cm blau				✿	✿								
Globularia bisnagarica **Gewöhnliche Kugelblume**	30 cm blauviolett				✿	✿	✿							wintergrün
Potentilla verna **Frühlings-Fingerkraut**	10 cm gelb				✿	✿	✿	✿	✿					wintergrün
Anthyllis vulneraria **Gewöhnlicher Wundklee**	50 cm gelb				✿	✿	✿	✿	✿	✿				wintergrün
Thymus praecox **Früher Thymian**	5 cm rosa					✿	✿							wintergrün duftend
Campanula persicifolia **Pfirsichblättrige Glockenblume**	80 cm hellblau					✿	✿	✿	✿					wintergrün legt sich zum Licht
Linum austriacum **Österreichischer Lein**	60 cm blau					✿	✿	✿	✿					
Silene vulgaris **Gewöhnliches Leimkraut**	30 cm weiß					✿	✿	✿	✿	✿				wintergrün duftend
Hieracium pilosella **Kleines Habichtskraut**	25 cm gelb					✿	✿	✿	✿	✿	✿			wintergrün

Fortsetzung nächste Seite

Wissenschaftlicher Name Deutscher Name	Höhe Blütenfarbe	J	F	M	A	M	J	J	A	S	O	N	D	Herbst / Winter Bemerkungen
Silene armeria **Echtes Nelkenleimkraut**	60 cm rot						✿	✿						wintergrün einjährig
Veronica teucrium **Großer Ehrenpreis**	30 cm lichtblau						✿	✿						wintergrün
Allium schoenoprasum **Schnitt-Lauch**	40 cm rotviolett						✿	✿	✿					
Betonica officinalis **Betonie, Heil-Ziest**	50 cm purpurrosa						✿	✿	✿					
Campanula rapunculoides **Acker-Glockenblume**	60 cm blauviolett						✿	✿	✿					
Campanula rapunculus **Rapunzel-Glockenblume**	50 cm blaulila						✿	✿	✿					zweijährig
Dianthus armeria **Raue Nelke**	40 cm rot						✿	✿	✿					wintergrün
Dianthus carthusianorum **Karthäuser-Nelke**	50 cm purpurrot						✿	✿	✿					wintergrün
Geranium sanguineum **Blut-Storchschnabel**	30 cm rotkarmin						✿	✿	✿					Herbstfärbung
Legousia speculum veneris **Echter Frauenspiegel**	20 cm blau						✿	✿	✿					einjährig
Prunella grandiflora **Großblütige Braunelle**	20 cm hellviolett						✿	✿	✿					
Campanula glomerata **Knäuel-Glockenblume**	60 cm blau						✿	✿	✿	✿				wintergrün
Helianthemum nummularium **Gewöhnliches Sonnenröschen**	15 cm gelb						✿	✿	✿	✿				wintergrün
Jasione montana **Berg-Jasione**	50 cm blau						✿	✿	✿	✿	✿			wintergrün
Scabiosa columbaria **Tauben-Skabiose**	40 cm blauviolett						✿	✿	✿	✿	✿			wintergrün
Inula salicina **Weidenblättriger Alant**	40 cm gelb							✿	✿					
Carlina vulgaris **Golddistel**	30 cm strohgelb							✿	✿	✿				wintergrün
Hylotelephium telephium **Purpur-Waldfetthenne**	40 cm purpurrot							✿	✿	✿				
Thymus pulegoides **Arznei-Thymian**	30 cm rosapurpur							✿	✿	✿				wintergrün duftend
Verbascum densiflorum **Großblütige Königskerze**	130 cm gelb							✿	✿	✿				zweijährig
Verbascum lychnites **Mehlige Königskerze**	120 cm gelb							✿	✿	✿				zweijährig

Trockenmauern sind immer ein Hingucker, egal, ob im Spielgarten oder vor dem schattigen Souterrain.

Wer profitiert noch von Trockenmauern?

Trockenmauern bieten nicht nur Wollbienen Niststandorte, Trockenmauern ziehen zahlreiche Tiere geradezu magisch an. So konnte in aufgelassenen Weinbergen gezeigt werden, dass sich 70 bis 90 Prozent aller dort lebender Tiere an oder in den Trockenmauern aufhalten. Spinnen finden dort Rückzugsräume und bauen entweder ihre Netze in den Mauerspalten oder starten ihre Beutezüge von Verstecken in der Mauer aus. Auf warmen Steinvorsprüngen können sich morgens Insekten aufwärmen. Und auch die blütenreichen Wildpflanzen der Magerstandorte in der Mauer und auf der Mauerkrone locken Insekten an.

Ein Trockenmauerhochbeet, mit Schotter gefüllt und mit zahlreichen Wildstauden, vielleicht auch mit Mittelmeerkräutern wie Salbei, Lavendel und Oregano bepflanzt, bietet manchen Insektenarten schon alles, was sie als Lebensraum brauchen. Wenn sich der Garten in einer naturnahen und katzenarmen Umgebung befindet, ziehen vielleicht auch Eidechsen oder Schlangen ein, die größtmöglichen Komplimente für den Naturgarten.

Schenkelbienen und Gilbweiderich

Lebensraum Sumpfbeet und Randzone am Teich

Bienen mit einem besonderen Geschmack

Gewöhnlicher Gilbweiderich *(Lysimachia vulgaris)* – und ebenso der wegen seiner Ausbreitungskraft im Garten eher problematische Goldfelberich *(Lysimachia punctata)* – werden während der Blütezeit von relativ großen Wildbienen besucht, die oft in merkwürdiger Weise ihre mit gelben Nahrungspaketen beladenen Hinterbeine nach oben strecken. Diese Verhaltensweise führte zu dem Namen »Schenkelbienen« *(Macropsis europaea* und *Macropsis fulvipes)*.

Die etwa einen Zentimeter großen Bienen sind unter den Wildbienen eine Besonderheit, denn sie sammeln, anders als die anderen Wildbienenarten bei uns, für ihre Nachkommen nicht nur Pollen, sondern auch Öle. Die Schenkelbienen und der Gilbweiderich sind voneinander abhängig: Denn Gilbweiderich produziert keinen Nektar, sondern ein Blütenöl, das die Bienen mit speziellen ölaufsaugenden Haaren an den Vorderbeinen und Mittelbeinen von den Öldrüsen der Pflanze abstreifen. Als Zubrot zum Pollen für die Larven transportieren sie es an den Hinterbeinen in ihre Brutröhren. Diese befinden sich an feuchten und eher schattigen Stellen im Erdboden. Das Öl dient nicht nur der Larvennahrung, auch die Wände der Brutzellen werden damit ausgekleidet. Die Bienen selbst nutzen es nicht zur eigenen Ernährung, sie brauchen wie alle anderen Wildbienen Nektar. Dafür suchen sie andere Arten auf, zum Beispiel Blutweiderich *(Lythrum salicaria)* oder Storchschnabel *(Geranium)*.

Diese außergewöhnliche Lebensgemeinschaft eines Bestäubers und seiner Blume können wir im Garten beobachten, wenn wir Gilbweiderich, vor allem den Gewöhnlichen Gilbweiderich, am Gartenteich ansiedeln.

Gilbweiderich – leuchtende Sommerkerzen am Teich

Der zu den Primelgewächsen zählende Gewöhnliche Gilbweiderich *(Lysimachia vulgaris)* wächst straff aufrecht und wird bis zu einen Meter hoch. So bringt er etwas ordnende Struktur in das wuchernde Grün am Teich und ist selbst ausbreitungsstark genug, um nicht verdrängt zu werden. Weil das Zentrum der gelben Blüten rötlich überhaucht ist, leuchtet das Gelb besonders intensiv und in einem in unserer Pflanzenwelt eher seltenen Orange. Zusammen mit Blutweiderich, Mädesüß *(Filipendula ulmaria)*, Pfeilkraut *(Sagittaria sagittifolia)* und Froschbiss *(Hydrocharis morsus-ranae)* gehört er zu den unverzichtbaren Sommerblühern an feuchten Standorten. Das intensive Gelborange harmoniert gut mit blau blühendem Helmkraut *(Scutellaria galericulata)*.

Früher wurde Gilbweiderich als Heilmittel gegen Durchfall und zur Unterstützung der Wundheilung genutzt, aus der Wurzel wurde ein brauner Farbstoff gewonnen. Junge Blätter verfeinern Kräuterquark und Wildpflanzengerichte, mit den essbaren Blüten lassen sich Salate und andere Speisen besonders reizvoll dekorieren. Ein naher Verwandter, der Pfennig-Gilbweiderich *(Lysimachia nummularia)*, ist ein interessanter Bodendecker am selben Standort und kann ähnlich in der Küche genutzt werden. Pfennig-Gilbweiderich ist eine erstaunliche Pflanze, sie kann sogar unter Wasser, aber auch auf Trockenmauern wachsen.

Gibt es etwas Attraktiveres im Garten als Wasserflächen?

Wasserelemente, und seien sie noch so klein, bringen besondere Lebensraumqualitäten in den Garten. Sie ziehen uns Menschen geradezu magisch an. Dies mag auch daran liegen, dass sie »den Himmel auf die Erde bringen«, denn auf der Wasseroberfläche spiegelt sich der Himmel und wir können erst einmal nicht ins Wasser hineinsehen. Dafür müssen wir schon ganz nah herankommen und direkt von oben schauen. Wasserflächen sind Hingucker. Und das lohnt sich: Vielfältiges Leben ist unter und über dem Wasser zu entdecken. Nur Fische sollten wir nicht einsetzen, auch wenn sie manchmal von Gartencentern als Algenvertilger angepriesen werden. Denn Fische fördern immer Wassertrübung und Algenblüten, insbesondere wenn sie gefüttert werden. Das Vertilgen der Algen sollten wir lieber den Wasserflöhen überlassen. Ein lebendiger, also mit Wasserpflanzen begrünter Teich führt auch nicht dazu, dass es in der Umgebung mehr Mücken gibt: Denn Libellenlarven, die in solch einem Teich leben, jagen die Larven der Mücken gerne. Wer keinen Platz für einen Teich hat, kann – auch im kleinen Garten oder auf dem Balkon – mit wasserdichten Gefäßen, und sei es ein alter, großer Kochtopf, ein Mini-»Biotop« anlegen.

Wasser zieht an

Wasser ist nicht nur für Menschen attraktiv, es zieht auch viele Tiere an. Das gilt auch für solche, deren Lebensraum gar nicht im oder am Wasser zu finden ist: Fast alle Tiere müssen trinken. So werden wir am Teich badende Vögel, trinkende Insekten oder Igel beobachten können. Schon eine Vogeltränke bringt den Himmelsspiegel in den Garten und hilft Vögeln und Insekten in Trockenzeiten. Übrigens lieben Vögel bewegtes Wasser und stehen an kleinen Wasserspielen geradezu in einer »Warteschlange«.

Wer einen Teich hat, dem sei die Anschaffung eines einfachen Mikroskops empfohlen, denn die Wunderwelt im Wassertropfen bringt noch einmal neue Entdeckungen. Und wir verstehen, dass Nahrungsketten mit mikroskopisch kleinen Lebewesen beginnen. Sie sind die Grundlage für eine vielfältige Lebenswelt: Würmer, Schnecken, Käfer, Spinnen, Libellen, Molche, Frösche, Kröten, Schlangen – die Liste der zu entdeckenden Wasserwelt ist lang.

Die Pflanzen: Lebensraum Sumpfbeet und Randzone am Teich

Wissenschaftlicher Name *Deutscher Name*	*Höhe* *Blütenfarbe*	J	F	M	A	M	J	J	A	S	O	N	D	*Herbst / Winter* *Bemerkungen*
Caltha palustris **Sumpf-Dotterblume**	30 cm gelb			✿	✿									
Menyanthes trifoliata **Fieberklee**	30 cm weißrosa				✿	✿								
Myosotis rehsteineri **Bodensee-Vergissmeinnicht**	10 cm hellblau				✿	✿								wintergrün
Cirsium palustre **Sumpf-Kratzdistel**	150 cm purpurrot					✿	✿							wintergrün
Euphorbia palustris **Sumpf-Wolfsmilch**	100 cm gelb					✿	✿							Herbstfärbung
Gladiolus palustris **Sumpf-Siegwurz**	60 cm purpurrot					✿	✿							
Iris pseudacorus **Schwertlilie**	80 cm gelb					✿	✿							
Leucojum aestivum **Sommer-Knotenblume**	35 cm weiß					✿	✿							
Lysimachia thyrsiflora **Strauß-Gilbweiderich**	60 cm gelb					✿	✿							
Valeriana dioica **Kleiner Baldrian**	20 cm rosaweiß					✿	✿							
Calla palustris **Sumpf-Schlangenwurz**	15 cm weiß					✿	✿	✿						
Symphytum officinale **Gewöhnlicher Beinwell**	40 cm rotviolett					✿	✿	✿						
Thalictrum flavum **Gelbe Wiesenraute**	100 cm gelb					✿	✿	✿	✿					
Veronica beccabunga **Bach-Ehrenpreis**	30 cm blau					✿	✿	✿	✿					wintergrün
Gratiola officinalis **Gottes-Gnadenkraut**	30 cm weißlich					✿	✿	✿	✿	✿	✿			
Iris sibirica **Sibirische Schwertlilie**	80 cm blau						✿							
Comarum palustre **Blutauge**	30 cm dunkel- purpur						✿	✿						
Thalictrum lucidum **Glanz-Wiesenraute**	120 cm gelb						✿	✿						
Alisma plantago-aquatica **Gewöhnlicher Froschlöffel**	90 cm weiß						✿	✿	✿					
Butomus umbellatus **Schwanenblume**	80 cm rosarot						✿	✿	✿					
Cirsium rivulare **Bach-Kratzdistel**	100 cm purpur						✿	✿	✿					

Wissenschaftlicher Name Deutscher Name	Höhe Blütenfarbe	J	F	M	A	M	J	J	A	S	O	N	D	Herbst / Winter Bemerkungen
Filipendula ulmaria **Echtes Mädesüß**	100 cm weiß						✿	✿	✿					
Geum rivale **Bach-Nelkenwurz**	30 cm rotbraun						✿	✿	✿					
Oenanthe aquatica **Großer Wasserfenchel**	100 cm weiß						✿	✿	✿					wintergrün
Lysimachia vulgaris **Gewöhnlicher Gilbweiderich**	120 cm gelb						✿	✿	✿					
Sagittaria sagittifolia **Gewöhnliches Pfeilkraut**	40 cm weiß						✿	✿	✿					
Senecio aquaticus **Wasser-Greiskraut**	60 cm gelb						✿	✿	✿					wintergrün
Valeriana officinalis **Arznei-Baldrian**	150 cm rosaweiß						✿	✿	✿					
Achillea ptarmica **Sumpf-Schafgarbe**	70 cm weiß						✿	✿	✿	✿				
Epilobium hirsutum **Behaartes Weidenröschen**	90 cm purpurrot						✿	✿	✿	✿				
Geranium palustre **Sumpf-Storchschnabel**	80 cm rotviolett						✿	✿	✿	✿				
Lythrum salicaria **Gewöhnlicher Blutweiderich**	100 cm violettrot						✿	✿	✿	✿				
Scutellaria galericulata **Gewöhnliches Helmkraut**	40 cm blau						✿	✿	✿	✿				
Stachys palustris **Sumpf-Ziest**	50 cm purpurrosa						✿	✿	✿	✿				
Succisella inflexa **Eingebogener Moorabbiss**	50 cm lila						✿	✿	✿	✿				
Dianthus superbus **Pracht-Nelke**	50 cm rosalila						✿	✿	✿	✿	✿			
Ranunculus flammula **Brennender Hahnenfuß**	50 cm gelb						✿	✿	✿	✿	✿			
Angelica palustris **Sumpf-Engelwurz**	80 cm weiß							✿	✿					
Carum verticillatum **Quirl-Kümmel**	100 cm weiß							✿	✿					
Cirsium heterophyllum **Verschiedenblättrige Kratzdistel**	120 cm lila							✿	✿					
Hypericum tetrapterum **Geflügeltes Johanniskraut**	60 cm gelb							✿	✿					
Peucedanum palustre **Sumpf-Haarstrang**	150 cm weiß							✿	✿					
Senecio paludosus **Sumpf-Greiskraut**	170 cm gelb							✿	✿					

Fortsetzung nächste Seite

Kuckuckslichtnelke (links) und Wieseniris (rechts)

Wissenschaftlicher Name Deutscher Name	Höhe Blütenfarbe	J	F	M	A	M	J	J	A	S	O	N	D	Herbst / Winter Bemerkungen
Sium latifolium **Großer Merk**	120 cm gelblich							✿	✿					wintergrün
Althaea officinalis **Echter Eibisch**	120 cm rosa							✿	✿	✿				
Angelica sylvestris **Wilde Engelwurz**	200 cm weiß							✿	✿	✿				
Bidens cernua **Nickender Zweizahn**	100 cm gelb							✿	✿	✿				
Lycopus europaeus **Ufer-Wolfstrapp**	100 cm weiß							✿	✿	✿				
Parnassia palustris **Sumpf-Herzblatt**	30 cm weiß							✿	✿	✿				
Sanguisorba officinalis **Großer Wiesenknopf**	100 cm weinrot							✿	✿	✿				Arzneipflanze
Veronica maritima **Stand-Ehrenpreis**	80 cm blau							✿	✿	✿				
Baldellia ranunculoides **Igelschlauch**	15 cm rosa							✿	✿	✿	✿			
Cirsium canum **Graue Kratzdistel**	150 cm purpur							✿	✿	✿	✿			
Mentha longifolia **Ross-Minze**	80 cm lilarosa							✿	✿	✿	✿			
Selinum dubium **Brenndolden-Silge**	90 cm weiß							✿	✿	✿	✿			
Allium suaveolens **Duft-Lauch**	40 cm rosa								✿	✿				

Bild rechts: Sumpf-Dotterblume

Mythen beim Teichbau

Über Teiche gibt es viele Vorurteile: dass sie Mückenschwärme verursachen oder viel Arbeit machen. Beides ist nicht richtig, wenn es keinen Fischbesatz gibt. Oder dass ein Teich eine bestimmte Mindestgröße und Mindesttiefe haben muss: Auch das ist nicht richtig. Flache Miniteiche können ebenso gut funktionieren. In der freien Landschaft werden alle noch so kleinen Wasserflächen, selbst stehen gelassene Gießkannen oder herumliegende Autoreifen, sofort besiedelt: wenn sie nicht dauerhaft Wasser führen, von spezialisierten Algen und Tieren, zu denen auch Mücken gehören. Beim Wunsch nach einer Wasserfläche sollte also der Mangel an Platz oder Geld kein Argument gegen »den Himmel auf Erden« sein.

Was wir immer schaffen müssen, ist eine Hohlform, die das Wasser mehr oder weniger lange hält. Weil sich in dichten Teichen keine Mücken entwickeln, bevorzugen die meisten ein dauerhaft Wasser haltendes Gewässer. PVC-Folien scheiden im naturnahen Garten wegen der damit verbundenen Umweltbelastung aus. Alternativen sind Dichtungen mit Ton oder Stabilit – dafür braucht man aber mehr Platz, und sie produzieren mehr Aushub, da Dichtung und Kiesabdeckung 30 bis 50 Zentimeter dick sind – oder Kautschuk-Dichtfolien. Für Miniteiche sind Polyethylen-Fertigteiche, soweit sie ausreichend große Pflanzterrassen haben, eine gar nicht so schlechte Möglichkeit. Sie sollten nur so eingebaut werden, dass der Plastikrand nicht mehr zu sehen ist und dass es trotzdem keine kapillare Verbindung vom Wasserkörper zur Umgebung gibt: also ausreichend tief und von einem kapillarbrechenden mit Grobkies oder Grobschotter gefüllten Graben umgeben. Die Kapillarsperre ist für alle Teiche wichtig, sonst sinkt der Wasserspiegel rasch.

Pflanzen in der flachen Randzone des Teiches oder im Sumpfbeet brauchen Substrat, das ihnen ausreichend Nährstoffe bietet, den Algen im Wasser aber kein Überangebot davon. Am besten eignet sich lehmiger Sand. Denn wenn die Pflanzen verhungern, gewinnen die Algen die Oberhand. Auch Kalksteine im Wasser sind kein Problem, sie führen nicht zu Algenblüten, wie oft behauptet wird. Diese beruhen zumeist auf einem Überangebot an Phosphor und seinen Verbindungen, das Füllwasser sollte also keine hohen Phosphatgehalte haben.

Von formal eingefassten und Mini-Kübelteichen einmal abgesehen, sieht übrigens jede mit Wasser gefüllte Hohlform, die über das angrenzende Gelände herausragt, merkwürdig aus: Ein Teich ohne den Aufwand, eine Vertiefung zu graben, ist nicht (schön) zu haben.

Faulbaum-Bläuling und Blutweiderich

Lebensraum nährstoffreiches Staudenbeet in der Sonne

Leicht zu übersehen – der Faulbaum-Bläuling

Während die meisten Bläulinge wie der Hauhechel-Bläuling (s. S. 55) eher dicht über dem Boden flattern, fliegt der Faulbaum-Bläuling *(Celastrina argiolus)* auch in und über Bäumen oder hoch über Wiesen und Säumen. Klein, silberblau, hoch in der Luft – dieser auch im Siedlungsraum noch recht häufige Schmetterling ist leicht zu übersehen. Dass er noch relativ häufig anzutreffen ist, liegt sicherlich auch daran, dass seine Raupen an einer Vielzahl von Pflanzen fressen, die auch im Siedlungsraum verbreitet sind: Brombeeren *(Rubus* agg.), Efeu *(Hedera helix)* und Liguster *(Ligustrum vulgare)* gehören zu seinem Speiseplan, aber auch Hopfen *(Humulus lupulus)* und Faulbaum *(Frangula alnus)*. Alles Pflanzen, die an eher schattigen, gut mit Wasser und Nährstoffen versorgten Standorten vorkommen, wie sie in Dörfern und Städten recht häufig sind.

Bilder links oben: Blutweiderich blüht lange anhaltend im Hochsommer und zeigt im Herbst eine leuchtend rote Blattfärbung.
unten: Ein guter Partner für den Blutweiderich ist Baldrian.

Faulbaum-Bläulinge fliegen während der ganzen Vegetationsperiode: Die erste Generation schlüpft im Frühjahr aus Puppen, die an der Unterseite von Blättern der Futterpflanzen befestigt im Falllaub überwintert haben. Wie der Zitronenfalter (s. S. 105) gehört der Faulbaum-Bläuling deshalb zu den besonders früh fliegenden Faltern und legt seine Eier dann gerne auch an Faulbäumen ab. Die zweite Generation fliegt von Juni bis Anfang September und ist besonders häufig an Blutweiderich zu beobachten. Wer diesen im Garten hat, wird zur Blütezeit dieser schönen Wildpflanze Faulbaum-Bläulinge beobachten können.

Rote Blütenkerzen im Sommer

Der Gewöhnliche Blutweiderich *(Lythrum salicaria)* leuchtet an Teichen und Gräben im Sommer und Spätsommer, also dann, wenn die Hochblüte unserer Flora längst vorbei ist.

Wer die schöne Pflanze mit den hoch aufragenden Blütenständen in der Sumpfzone des Teiches gepflanzt hat, wird bald den einen oder anderen Sämling in benachbarten Beeten beobachten können. Viele Sumpfpflanzen gedeihen auch gut in Gartenbeeten mit ihrer gut mit Nährstoffen versorgten Erde, vorausgesetzt, der Boden ist nicht zu trocken. Das können wir im naturnahen Garten nutzen, wenn wir Staudenrabatten auf nährstoffreichem Gartenboden mit einheimischen Wildpflanzen naturnäher gestalten wollen. Blutweiderich schmückt diese Beete auch noch, nachdem er verblüht ist: Im Herbst verfärben sich die Blätter, bevor sie abfallen, gelb-orange-rot und die aufrechten Stängel stehen noch lange als schmückende Wintersteher und Lebensraum für Wildbienen und andere Stängelbewohner im Beet.

Staudenrabatte naturnah

Staudenrabatten sollen mit einer Vielzahl an Blüten das ganze Jahr über den Garten zieren. Auf diese Flächen konzentriert sich die Aufmerksamkeit, aber auch die Arbeit der Gärtnerinnen und Gärtner, denn der Boden ist dort meist gut gepflegt, wird häufig gelockert und ist bestens mit Nährstoffen versorgt: ideale Bedingungen für die vitalen Besiedler gestörter, nährstoffreicher Böden. Pflanzen wie Melde, Gänsedistel, aber auch Ackerkratzdistel, Winde oder Giersch lieben solche Standorte.

Wer schon Wurzelunkräuter im Boden hat, wird diese vor einer Neuanlage gründlich entfernen müssen oder das Beet mit konkurrenzstarken Pflanzen gestalten, die sich gegenüber diesen Pflanzen durchsetzen können (s. S. 30).

Gibt es auf der Fläche keine Wurzelunkräuter, sondern nur einjährige Pflanzen wie Gänsedistel und Vogelmiere, die immer wieder auftauchen, kann durch eine konsequente Bodenbedeckung mit erwünschten Pflanzen die Arbeit in Grenzen gehalten werden. Dort lassen sich dann auch Blutweiderich und andere Pflanzen der feuchten Wiesen und Säume ansiedeln, wozu so schöne Pflanzen wie die Wieseniris *(Iris sibirica)* und die Sumpf-Wolfsmilch *(Euphorbium palustre)* gehören. Letztere zeigt ebenfalls eine Herbstfärbung. Dazu passt dann auch der Wiesen-Storchschnabel *(Geranium pratense)* mit seiner orangeroten Herbstfärbung gut.

Es summt und brummt

Weil sich in Staudenbeeten die bunte Blumenpracht konzentriert, finden sich dort auch die meisten Blütenbesucher im Garten, vorausgesetzt, wir haben insektenfreundliche Pflanzen gewählt.

Tiere, die sich von Nektar ernähren, wie Honigbienen, Hummeln oder Falter, sind oft nicht so wählerisch wie solche, die Pollen sammeln oder sich von Blättern ernähren. Die Nektarsammler besuchen häufig auch Gartenstauden, deren Wildformen nicht aus Mitteleuropa stammen. Damit es aber summt und brummt, ist es wichtig, keine Sorten mit gefüllten Blüten zu verwenden, denn dort gehen auch die Nektarsammler leer aus.

An den Schmetterlingen können wir sehen, dass es bei den Arten oder Stadien, die sich von den grünen Teilen der Pflanzen ernähren, viel häufiger spezielle Anpassungen an einzelne Pflanzenarten oder Gattungen gibt: Während Falter auch am nicht einheimischen Schmetterlingsflieder Nektar saugen, brauchen die Raupen vieler Schmetterlingsarten doch ihre spezifischen einheimischen Futterpflanzen. Ohne Veilchen, an denen die Raupen des Kaisermantels fressen, werden wir diesen schönen Falter nicht am Schmetterlingsflieder beobachten können.

Deshalb bevorzugen Naturgärtner auch in der Staudenrabatte einheimische Wildpflanzen. Und damit aus den Schmetterlingspuppen tatsächlich Falter schlüpfen, lassen wir abgefallenes Laub, zum Beispiel die Blätter des Blutweiderichs mit den daran anhaftenden Puppen des Faulbaum-Bläulings, im Beet liegen. Ebenso empfehlenswert ist es, zumindest einen Teil der abgestorbenen Staudenstängel bis weit ins nächste Jahr stehen zu lassen. Andererseits sollte aber ein Teil der Stauden, die im Frühsommer blühen, noch im selben Jahr vor der Samenbildung zurückgeschnitten werden, weil diese Stauden dann nachblühen und das Beet in der zweiten Sommerhälfte schmücken.

Die Pflanzen: Lebensraum nährstoffreiches Staudenbeet in der Sonne

Wissenschaftlicher Name *Deutscher Name*	*Höhe* *Blütenfarbe*	J	F	M	A	M	J	J	A	S	O	N	D	*Herbst / Winter* *Bemerkung*
Scilla bifolia **Zweiblättriger Blaustern**	15 cm blauviolett			✿	✿									Geophyt
Primula elatior **Hohe Schlüsselblume**	25 cm hellgelb			✿	✿	✿								
Hyacinthoides non-scripta **Englisches Hasenglöckchen**	30 cm himmelblau				✿	✿								Geophyt
Narcissus poeticus **Dichter-Narzisse**	50 cm weiß-gelb				✿	✿								Geophyt
Cardamine pratensis **Wiesen-Schaumkraut**	30 cm lilarosa				✿	✿	✿							wintergrün
Silene dioica **Rote Lichtnelke**	80 cm rot				✿	✿	✿	✿	✿	✿				wintergrün
Astrantia major **Große Sterndolde**	60 cm weiß					✿	✿							
Euphorbia palustris **Sumpf-Wolfsmilch**	100 cm gelb					✿	✿							Herbstfärbung
Leucojum aestivum **Sommer-Knotenblume**	35 cm weiß					✿	✿							
Lysimachia nummularia **Pfennig-Gilbweiderich**	5 cm gelb					✿	✿	✿						wintergrün
Symphytum officinale **Gewöhnlicher Beinwell**	40 cm rotviolett					✿	✿	✿						
Thalictrum aquilegifolium **Akelei-Wiesenraute**	100 cm helllila					✿	✿	✿						
Alchemilla vulgaris **Gewöhnlicher Frauenmantel**	50 cm gelbgrün					✿	✿	✿	✿					
Thalictrum flavum **Gelbe Wiesenraute**	100 cm gelb					✿	✿	✿	✿					
Iris sibirica **Sibirische Schwertlilie**	80 cm blau						✿							
Aquilegia atrata **Schwarzviolette Akelei**	50 cm purpurviolett						✿	✿						
Comarum palustre **Blutauge**	30 cm dunkel- purpur						✿	✿						
Thalictrum lucidum **Glanz-Wiesenraute**	120 cm gelb						✿	✿						
Betonica officinalis **Betonie, Heil-Ziest**	50 cm purpurrosa						✿	✿	✿					
Cirsium rivulare **Bach-Kratzdistel**	100 cm purpur						✿	✿	✿					
Geum rivale **Bach-Nelkenwurz**	30 cm rotbraun						✿	✿	✿					

Wissenschaftlicher Name Deutscher Name	Höhe Blütenfarbe	J	F	M	A	M	J	J	A	S	O	N	D	Herbst / Winter Bemerkung
Lysimachia vulgaris **Gewöhnlicher Gilbweiderich**	120 cm gelb						✿	✿	✿					
Polemonium caeruleum **Blaue Himmelsleiter**	40 cm himmelblau						✿	✿	✿					
Senecio aquaticus **Wasser-Greiskraut**	60 cm gelb						✿	✿	✿					wintergrün
Valeriana officinalis **Arznei-Baldrian**	150 cm rosaweiß						✿	✿	✿					
Achillea ptarmica **Sumpf-Schafgarbe**	70 cm weiß						✿	✿	✿	✿				
Aconitum napellus **Blauer Eisenhut**	100 cm blauviolett						✿	✿	✿	✿				
Geranium palustre **Sumpf-Storchschnabel**	80 cm rotviolett						✿	✿	✿	✿				
Geranium pratense **Wiesen-Storchschnabel**	70 cm blauviolett						✿	✿	✿	✿				Herbstfärbung
Knautia maxima **Wald-Witwenblume**	70 cm violett						✿	✿	✿	✿				wintergrün
Lythrum salicaria **Gewöhnlicher Blutweiderich**	100 cm violettrot						✿	✿	✿	✿				
Stachys palustris **Sumpf-Ziest**	50 cm purpurrosa						✿	✿	✿	✿				
Succisa pratensis **Gewöhnlicher Teufelsabbiss**	50 cm blauviolett						✿	✿	✿	✿				wintergrün
Centaurea jacea **Wiesen-Flockenblume**	50 cm rotviolett						✿	✿	✿	✿	✿			
Angelica palustris **Sumpf-Engelwurz**	80 cm weiß							✿	✿					
Carum verticillatum **Quirl-Kümmel**	100 cm weiß							✿	✿					
Cephalaria alpina **Alpen-Schuppenkopf**	140 cm gelb							✿	✿					
Cirsium heterophyllum **Verschiedenblättrige Kratzdistel**	120 cm lila							✿	✿					
Hypericum tetrapterum **Geflügeltes Johanniskraut**	60 cm gelb							✿	✿					
Althaea officinalis **Echter Eibisch**	120 cm rosa							✿	✿	✿				
Angelica sylvestris **Wilde Engelwurz**	200 cm weiß							✿	✿	✿				
Gentiana asclepiadea f. alba **Schwalbenwurz-Enzian**	60 cm weiß							✿	✿	✿				
Lycopus europaeus **Ufer-Wolfstrapp**	100 cm weiß							✿	✿	✿				

Fortsetzung nächste Seite

Englisches Hasenglöckchen (links) und Sterndolde (rechts)

Wissenschaftlicher Name Deutscher Name	Höhe Blütenfarbe	J	F	M	A	M	J	J	A	S	O	N	D	Herbst / Winter Bemerkung
Sanguisorba officinalis **Großer Wiesenknopf**	100 cm weinrot							✿	✿	✿				Arzneipflanze
Serratula tinctoria **Färber-Scharte**	80 cm rotviolett							✿	✿	✿				
Veronica maritima **Strand-Ehrenpreis**	80 cm blau							✿	✿	✿				
Cirsium canum **Graue Kratzdistel**	150 cm purpur							✿	✿	✿	✿			
Gentiana pneumonanthe **Lungen-Enzian**	40 cm blau							✿	✿	✿	✿			wintergrün
Selinum dubium **Brenndolden-Silge**	90 cm weiß							✿	✿	✿	✿			
Solidago virgaurea **Gewöhnliche Goldrute**	80 cm gelb							✿	✿	✿	✿			wintergrün
Colchicum autumnale **Herbst-Zeitlose**	25 cm lilarosa								✿	✿				

Bilder rechts: Schwalbenwurz-Enzian (links) und Bach-Nelkenwurz (rechts)

Staudenbeete anlegen und pflegen

Auch wenn es viele gute Argumente dafür gibt, magere Wildstaudenflächen anzulegen (s. S. 73), mag nicht jeder den guten Gartenboden unter Kalkschotterhügeln verschwinden lassen.

Wer auf vorhandenem Boden ein naturnahes Staudenbeet anlegen möchte, sollte als Erstes dafür sorgen, dass möglichst wenig Beikräuter vorhanden sind, vor allem sollte es keine Wurzelunkräuter wie Giersch oder Ackerwinde geben. Diese Pflanzen mechanisch zu entfernen, ist meist erfolglos, es bleiben zu viele Wurzelstückchen im Boden zurück und aus jedem der Stückchen treibt eine neue Pflanze aus. Da ist es besser, die Pflanzen auszuhungern, indem das Beet eine oder zwei Vegetationsperioden mit schwarzer Unkrautfolie abgedeckt wird. Grundprinzip ist immer, die Pflanzen daran zu hindern, grüne Blätter zu bilden und mithilfe des Sonnenlichts Zucker zu produzieren. Denn Zucker und andere Speicherstoffe werden in den unterirdischen Wurzeln eingelagert, aus denen die Pflanzen immer wieder austreiben können. Dies lässt sich durch Abdecken oder regelmäßiges(!) Entfernen der oberirdischen Teile erreichen. Einjährige Beikräuter, die am Anfang ein Beet ebenfalls leicht übernehmen, kann man reduzieren, indem das Beet vor der Anlage regelmäßig bei trockenem Wetter durchgehackt wird. Das mobilisiert die Samen und bringt sie zum Keimen, so kann man sie entfernen.

Erst dann wird gepflanzt. Dafür stellt man die Stauden zunächst in der gewünschten Anzahl und Anordnung auf das Beet. Es sollte nicht zu wenig gepflanzt werden, denn die erwünschten Pflanzen sollen den Boden möglichst bald bedecken. Sechs bis acht Stauden pro Quadratmeter sind schon notwendig.

Naturgärtner mulchen nach der Pflanzung nicht, sondern säen kurzlebige Lückenfüller wie Nelkenleimkraut *(Silene armeria)* oder Stiefmütterchen *(Viola tricolor)* ein. Dann blüht es schon nach wenigen Wochen, auch wenn die langlebigeren gepflanzten Stauden vielleicht erst im kommenden Jahr Blüten zeigen.

Zitronenfalter und Faulbaum

Solitärgehölz am schattigen oder halbschattigen Standort

Das Frühjahr ist da!

Der erste Tag, an dem die Sonne nach der dunklen und kalten Zeit ein wenig wärmt: Sonnenflecken auf dem Herbstlaub des vergangenen Jahres, leuchtet da das erste Leberblümchen? Nein, das gibt es doch nicht – ein Schmetterling, so früh, wo kommt der denn her? Tatsächlich, da flattert ein gelbes Zitronenfaltermännchen und sucht Nektar!

Im Gegensatz zu der Mehrzahl unserer einheimischen Schmetterlingsarten überwintern Zitronenfalter *(Gonopteryx rhamni)* nicht gut geschützt als Ei oder in einer Puppenhülle, sondern als Falter frei im Gebüsch, gerne zwischen den stacheligen Blättern der Stechpalme. Bei Frost lassen sie sich einfach einfrieren oder einschneien. Körpereigene Frostschutzmittel sorgen dafür, dass sich in den Körperzellen keine

Bild links oben: Musiksessel: Hier kann man dem Summen der Bienen im Faulbaum lauschen.

Eiskristalle bilden und die Falter keinen Schaden nehmen. So können die ersten warmen Sonnenstrahlen die Falter wecken, die uns jedes Jahr wieder wunderbar mit ihrer Frühlingsnachricht überraschen. Nach der langen Hungerzeit suchen die Tiere erst einmal Nahrung: Seidelbast *(Daphne mezereum)*, Schlüsselblumen *(Primula)*, Pestwurz *(Petasites)* und Weiden *(Salix)*, später geht es dann auf Partnersuche.

Die weiß-grünlichen Weibchen legen ihre Eier an die wenigen Arten von Faulbaum und Kreuzdorn, wobei der Faulbaum bevorzugt wird. Leider werden Echter Faulbaum *(Frangula alnus)* oder Purgier-Kreuzdorn *(Rhamnus cathartica)* in unseren Wäldern und Hecken immer seltener. Die Eier werden einzeln oder in kleinen Gruppen an den sich entfaltenden Knospen abgelegt, die grünen Raupen halten sich meist an der Blattmittelrippe auf und sind auf diese Weise gut getarnt. Ab Juli schlüpft die diesjährige Generation, jeder Falter kann bis zu zwölf Monate leben. Damit ist der Zitronenfalter bei uns der Falter mit der längsten Lebenserwartung. Im Sommer sieht man die gelben Frühlingsboten selten, während der heißen Zeit sind sie nicht sehr aktiv, sie überstehen Hitzeperioden gut versteckt in einer Sommerruhe. Im ausgehenden Sommer können wir sie im Garten oft an typischen Schmetterlingsblumen beobachten. Vor allem Nelken, wie die Karthäuser-Nelke, sind beliebt.

Schlechte Böden gibt es nicht

Der Faulbaum liebt das, was Gärtnerinnen und Gärtner fürchten: Einen eher schattigen Standort, nassen oder feuchten Boden – das ist wohl das Paradebeispiel eines »schwierigen Standorts mit schlechtem Boden«. Nun, so wie erfahrene Wanderer wissen, dass es kein schlechtes Wetter gibt, sondern nur schlechte Kleidung, so gibt es im naturnahen Garten keinen »schlechten Boden«. Denn jede Situation, die es in der freien Natur gibt, hat ihre eigene Pflanzengesellschaft, und diese können wir in unseren Garten bringen. Mit »guter Boden« ist zumeist der tiefgründig lockere, gut mit Humus und Wasser versorgte Gartenboden (Horisol) gemeint, den es in der Natur gar nicht gibt.

Wer im Garten einen sauren und eher feuchten Boden hat, darf sich also freuen: Er oder sie hat die Chance, mit dem Faulbaum »Zitronenfalter zu pflanzen«. Der Faulbaum ist ein eher sparrig und licht wachsender Großstrauch mit sehr ansehnlichen rundlichen und glänzenden Blättern. Schon im Sommer erscheinen die ersten Beeren, die sich von Grün über Rot nach Schwarz färben. Die Herbstfärbung der Blätter ist gelb. Die Blüten des Faulbaums sind zwar unscheinbar, dafür aber sehr reich an Nektar und bilden sich den ganzen Sommer über. Diese üppige Nektarspende wird von vielen Insekten genutzt. Der Faulbaum ist deshalb eine der Pflanzen, die man nicht nur sehen, sondern auch hören kann. Hier brummt das Leben. Der

Wolliger Schneeball schmückt sich schon im Sommer mit Beeren, die sich über Rot nach Schwarz verfärben (links). Ein sonniger Gehölzrand mit Liguster zieht zur Blütezeit Schmetterlinge wie den Kaisermantel an (rechts).

Strauch kann leicht zu einem Kleinbaum erzogen werden. Schade, dass sein Name viele davon abhält, diesen ökologisch wertvollen Strauch zu pflanzen. Der Name soll auf den leicht fauligen Geruch der Rinde zurückgehen, der aber unter normalen Umständen nicht wahrnehmbar ist, sondern nur, wenn die Rinde verletzt wird.

Solitärgehölze

Sträucher oder kleine Bäume mit attraktiven Eigenschaften können in Einzelstellung im Garten als Hingucker gepflanzt werden. Sie ziehen aufgrund ihrer Besonderheiten den Blick auf sich. Meist werden wir dafür Pflanzen wählen, die auffällig blühen, die attraktive Früchte und eine schöne Herbstfärbung haben. Aber auch besondere Eigenschaften, wie das glänzende Laub oder das Gebrumm der Bienen, können eine Art wie den Faulbaum für Naturgärtner zu einem möglichen Solitärgehölz machen. Reizvoll kann es sein, gerade einen schwierigen Standort, zum Beispiel eine vernachlässigte Gartenecke, durch Pflanzung eines Solitärs aufzuwerten.

Die Pflanzen: Solitärgehölz am schattigen und halbschattigen Standort

Wissenschaftlicher Name *Deutscher Name*	*Höhe max* *Blütenfarbe*	J	F	M	A	M	J	J	A	S	O	N	D	*Herbst / Winter* *Bemerkung*
Daphne mezereum **Gewöhnlicher Seidelbast**	1,2 m rosa			✿	✿									Frucht: rot Herbstlaub: gelb
Taxus baccata **Gewöhnliche Eibe**	15 m grünlich			✿	✿	✿								Frucht: rot immergrün
Lonicera caerulea **Blaue Heckenkirsche**	1,5 m weiß				✿	✿								Frucht: blau kein Kalk
Prunus padus **Gewöhnliche Trauben-Kirsche**	10 m weiß				✿	✿								Frucht: schwarz Herbstlaub: gelb, rot duftend
Ribes nigrum **Schwarze Johannisbeere**	1,7 m grünlich gelb				✿	✿								Frucht: schwarz duftend
Ribes rubrum **Rote Johannisbeere** (Wildform)	1,5 m grünlich gelb				✿	✿								Frucht: rot
Crataegus laevigata **Zweigriffliger Weißdorn**	5 m weiß					✿								Frucht: rot Herbstlaub: gelb, orange
Lonicera xylosteum **Rote Heckenkirsche**	2 m weiß					✿								Frucht: rot Herbstlaub: gelb duftend
Lonicera alpigena **Alpen-Heckenkirsche**	2 m rötlich					✿	✿							Frucht: rot
Lonicera nigra **Schwarze Heckenkirsche**	1,5 m weiß					✿	✿							Frucht: schwarz kein Kalk
Rosa pendulina **Alpen-Rose**	2 m rosa					✿	✿							Frucht: rot Herbstlaub: gelb, rot
Sambucus nigra **Schwarzer Holunder**	7 m weiß					✿	✿							Frucht: schwarz duftend
Viburnum opulus **Gewöhnlicher Schneeball**	4 m weiß					✿	✿							Frucht: rot Herbstlaub: orange
Philadelphus coronarius **Großer Pfeifenstrauch**	3 m weiß					✿	✿	✿						
Frangula alnus **Echter Faulbaum**	5 m grünlich weiß					✿	✿	✿	✿	✿				Frucht: rot, schwarz Herbstlaub: gelb
Ligustrum vulgare **Gewöhnlicher Liguster**	5 m weiß						✿	✿						Frucht: schwarz Herbstlaub: violett duftend
Hedera helix 'Arborescens' **Strauch-Efeu**	2 m grün									✿	✿			Frucht: schwarz immergrün

Faulbaum ist für viele Schmetterlingsarten attraktiv, hier kann sich selbst ein Sechsfleck-Widderchen, dessen Raupen normalerweise an Hornklee fressen, nicht beherrschen und »geht fremd« (links). Zum Kleinbaum erzogene Kornelkirsche (rechts)

Wer profitiert noch vom Faulbaum?

Die Raupen von achtundzwanzig Schmetterlingsarten nutzen Faulbaumblätter. Die nektarreichen Blüten sind bei vielen Insekten beliebt, auch bei Honigbienen, Faulbaum gehört zu den wertvollsten Bienenweiden.

Wer den ebenfalls feuchte Böden liebenden Blutweiderich *(Lythrum salicaria)* pflanzt, bietet dem Faulbaum-Bläuling *(Celastrina argiolus)* Futterpflanzen für beide Generationen im Jahr (s. S. 98). Vögel, vor allem Drosseln, lieben die Früchte des Faulbaums und tragen zur Verbreitung der Pflanze bei.

Solitärgehölze pflanzen und pflegen

Ein Solitärgehölz werden wir in der Regel in einer größeren Pflanzgröße kaufen und ihm besondere Zuwendung zukommen lassen. Die Pflanze wird mit Ballen oder im Container geliefert. Wir graben vor der Pflanzung eine Pflanzgrube aus, die etwa eineinhalb mal größer ist als der Ballen, den Unterboden lockern wir möglichst tiefgründig mit einer Spitzhacke. Auch die Seitenwände sollten gelockert werden. Der Pfahl, an dem das Gehölz befestigt werden soll, wird vor dem Pflanzen in der Grube eingeschlagen oder nach der Pflanzung neben der Grube als Schrägpfahl gesetzt.

Wenn der Ballen recht groß ist, die Pflanzgrube also tiefer, sollten Oberboden und Unterboden getrennt gelagert werden. Später wird zuerst der Unterboden und dann der Oberboden eingefüllt. Vor dem Einpflanzen wird der Ballen oder Container so lange in Wasser gestellt, bis keine Luftblasen mehr aufsteigen, Ballierungsmaterialien, zum Beispiel Sackleinen oder Draht, werden von den Stämmlingen gelöst, sie dürfen aber um den Ballen verbleiben. Wildsträucher werden im Gegensatz zu Bäumen (s. S. 135) so hoch gepflanzt, wie sie in der Baumschule oder im Topf standen, und gerne auch etwas tiefer. Nach dem Einfüllen der Erde, die leicht festgetreten wird, kann der Strauch am Pflanzpfahl befestigt werden. Am besten nehmen wir dazu Kokosstrick, der mit der Zeit, genauso wie der Pflanzpfahl aus unbehandeltem Nadelholz, verrottet und sich damit selbst entsorgt.

Da auch beim Pflanzen von Containerware oder Ballenware manche Wurzel Schaden nimmt, erleichtert ein sanft auslichtender Pflanzschnitt das Anwachsen. Nach dem Pflanzen wird gründlich gewässert. Bei großen Solitärsträuchern ist es sinnvoll, dafür einen Bewässerungsring um die Pflanzgrube anzulegen, diese Sträucher sollten wie ein Baum in der kommenden Vegetationsperiode zehn Mal durchdringend gewässert werden (s. S. 135).

Auch bei einem Solitär sollte der Gehölzsaum, der Staudenhofstaat, nicht fehlen. So bietet es sich an, um unser Hingucker-Gehölz eine sorgfältig geplante Staudenkombination anzusiedeln. Stauden im Wurzelbereich von Gehölzen behindern, im Gegensatz zu Rasen, nicht das Wachstum der jungen Gehölze.

In den folgenden Jahren werden wir unser Solitärgehölz aufmerksam pflegen und auch bei Schnittmaßnahmen darauf achten, die natürliche Wuchsform nicht zu stören. Es empfiehlt sich, in der einschlägigen Literatur nachzuschauen, wie die jeweilige Art am besten geschnitten wird, wenn sie geschnitten werden muss. Wichtig ist immer, Zweigspitzen zu belassen, denn sie produzieren die Pflanzenhormone, die für die arteigene Gestalt sorgen.

Bilder links: Je nach Größe der Fläche können Solitärgehölze größer oder kleiner sein. Während der Seidelbast (oben rechts) auch kaum einen Meter hoch wird, erreicht der Holunder (unten) die Höhe eines zweistöckigen Hauses.

Rosenkäfer und Essigrose

Niedrige und mittelhohe Wildstrauchhecke

Wie kommt der Smaragd in die Rose?

Plötzlich ist das Zentrum der Rosenblüte nicht mehr goldgelb, sondern metallisch grün. Ein großer Rosenkäfer wuselt zwischen den Staubgefäßen umher. Seine Pracht ist ein Gruß aus den Tropen, denn die meisten Arten der Unterfamilie der Rosenkäfer sind dort, im fernen Süden, beheimatet. Wie bei vielen anderen Insektenarten fressen die aus der Puppe geschlüpften Imagines, also die voll entwickelten Tiere, kaum. Hier und da naschen sie ein wenig Pflanzensäfte, Nektar oder Pollen. Ansonsten geht es darum, einen Partner zu finden und sich fortzupflanzen: Süßigkeiten und Sex.

Die Käfer lieben sonnige Plätze, die Larven entwickeln sich in vergehendem pflanzlichen Material, vor allem in Holz. Im Garten finden wir sie auch im Kompost oder in großen Blumentöpfen. Da die Entwicklung der Larven oft mehrere

Bilder: Halbgefüllte Gartenformen einheimischer Wildrosen bieten wie ihre wilden Schwestern den Blütenbesuchern Nektar und Pollen und den Blattnutzern reichlich Futter: Rosa gallica 'Officinalis' (oben links), Rosa gallica 'Tuscany' (oben), Rosa rubiginosa 'Duplex' (unten links).

Jahre dauert, sind sie angewiesen auf Totholz, das länger an einem Ort bleiben darf. Halboffene, blütenreiche Landschaften mit reichlich Totholz sind ein idealer Lebensraum für diese Käfer. Die Tatsache, dass solche Landschaften durch die Intensivierung und Industrialisierung der Landwirtschaft immer mehr verschwinden und entweder in dichte Wälder oder Agrarwüste umgewandelt werden, ist ein Grund, warum Rosenkäfer immer weniger zu finden und deshalb auch geschützt sind. In naturnahen Gärten finden die fliegenden Edelsteine meist alles, was sie brauchen: ein reichliches Angebot an Pollen und Nektar und Totholzbereiche, die lange ungestört bleiben.

Wildrosen in die (Natur-)Gärten!

Gärten sind ohne Rosen kaum denkbar, zu schön sind die sich entfaltenden Blüten, der herrliche Duft, der Hagebuttenschmuck und – bei manchen Arten – die Herbstfärbung zum Ausklang der Vegetationsperiode. Leider hat die Züchtung der Gartenrosen zwar Sorten entwickelt, die den ganzen Sommer über blühen, diese sind aber oft krankheitsanfällig und müssen intensiv gepflegt werden.

Wie anders sind da Wildrosen, sie sind widerstandsfähig gegenüber Krankheiten, brauchen nicht geschnitten, gedüngt und gegossen zu werden. Wildrosen blühen am alten Holz, ein Schnitt würde also dazu führen, dass wir die schönen Blüten nie zu Gesicht bekommen. Und nicht nur für die Gärtnerinnen und Gärtner sind Rosen attraktiv: Hundertdrei Insektenarten sind von einheimischen Wildrosen abhängig, die meisten dieser Insekten können mit Zuchtrosen nichts anfangen. Wildrosen eignen sich besonders gut zur Einzelstellung, aber auch in einer frei wachsenden Wildstrauchhecke bilden sie mit dem Meer an Rosenblüten im Mai und Juni sowie dem Herbstschmuck einen besonders schönen Aspekt.

Niedrige und mittelhohe Wildstrauchhecken

Wildstrauchhecken sind Gehölzpflanzungen, die geschützte Räume einfassen und Sichtschutz bieten. Werden sie so geplant, dass die maximale Ausdehnung, die die Pflanzen aufgrund ihrer Erbanlagen erreichen können, der gewünschten Höhe und Breite der Hecke entspricht, müssen sie im Gegensatz zu Schnitthecken aus Buche oder Thuja kaum geschnitten werden. Etliche Wildrosen-Arten und ihre Sorten bleiben natürlicherweise eher niedrig, vor allem Essigrosen und Pimpinell-Rosen werden nur ein bis zwei Meter hoch, die Essigrosen bleiben meist noch kleiner.

Bilder rechts: Hier macht die Alpen-Rose ihrem Namen alle Ehre (links). Totholz kann auch als Gestaltungselement eingesetzt werden (rechts).

Da diese beiden Arten Ausläufer bilden, entstehen mit der Zeit undurchdringliche Gebüsche, die Zäune oder Mauern an dieser Stelle überflüssig machen, im Mai und Juni herrlich duftend blühen und im Herbst mit ihrer Laubfärbung in Rot-Orange beeindrucken, aber auch immer weiter in dic Breite wachsen. Wollen wir das nicht durch Jäten oder Mähen der Ausläufer unterbinden, können wir vor allem bei Pimpinell-Rosen die seitliche Ausdehnung mit einer Bambus-Wurzelsperre begrenzen.

Wegen des Ausbreitungsdranges der Pimpinell-Rosen ist die Kombination mit den schwächer wachsenden Essigrosen nicht zu empfehlen. Essigrosen können gut mit anderen Kleinsträuchern, wie kalkliebenden Ginster-Arten – Färberginster *(Genista tinctoria),* Schwarzwerdender Geißklee *(Cytisus nigricans)* – oder unserer einheimischen Zwergmispel *(Cotoneaster integerrimus)* kombiniert werden. Das sind alles Sonnenkinder und somit gut für niedrige Hecken in der Sonne oder im Halbschatten geeignet. An schattigeren Stellen eignen sich für eine Wildstrauchhecke die Zwergformen von Schneeball *(Viburnum opulus 'Compactum')* oder von Liguster *(Ligustrum vulgare 'Lodense')* oder die niedrig bleibenden Arten der Johannisbeeren, zum Beispiel die Alpen-Johannisbeere *(Ribes alpinum),* die gut zur Alpen-Rose *(Rosa pendulina)* passen.

Die Pflanzen: Niedrige und mittelhohe Wildstrauchhecke

Wissenschaftlicher Name *Deutscher Name*	*Höhe max* *Blütenfarbe*	J	F	M	A	M	J	J	A	S	O	N	D	*Herbst / Winter* *Bemerkung*
Salix purpurea 'Nancy Saunders' **Purpur-Weide**	2 m rot, später gelb			✿ ✿	✿ ✿									Frucht: grau Herbstlaub: gelb Sonne, Kalk, duftend
Ribes uva-crispa **Stachelbeere**	1,2 m grünlich rot				✿									Frucht: grün Schatten
Cotoneaster integerrimus **Gewöhnliche Zwergmispel**	1,5 m rosaweiß				✿	✿								Frucht: rot Herbstlaub: gelb Sonne
Lonicera caerulea **Blaue Heckenkirsche**	1,5 m weiß				✿	✿								Frucht: blau Schatten, kein Kalk
Prunus fruticosa **Strauch-Kirsche**	1,5 m weiß				✿	✿								Frucht: rot Herbstlaub: gelb Sonne, Kalk, duftend
Ribes alpinum **Alpen-Johannisbeere**	1,5 m grünlich gelb				✿	✿								Frucht: rot Schatten, duftend
Ribes nigrum **Schwarze Johannisbeere**	1,7 m grünlich gelb				✿	✿								Frucht: schwarz Schatten, duftend
Ribes rubrum **Rote Johannisbeere** (Wildform)	1,5 m grünlich gelb				✿	✿								Frucht: rot Schatten
Salix aurita **Ohr-Weide**	2 m gelb				✿	✿								Frucht: grau Herbstlaub: gelb Sonne, kein Kalk
Coronilla emerus **Strauchwicke**	2 m gelb				✿	✿	✿							Frucht: braun Herbstlaub: grüngelb
Lonicera xylosteum **Rote Heckenkirsche**	2 m weiß					✿								Frucht: rot Herbstlaub: gelb duftend
Cytisus scoparius **Gewöhnlicher Besenginster**	2 m gelb					✿	✿							Sonne, kein Kalk
Lonicera alpigena **Alpen-Heckenkirsche**	2 m rötlich					✿	✿							Frucht: rot Schatten
Lonicera nigra **Schwarze Heckenkirsche**	1,5 m weiß					✿	✿							Frucht: schwarz Schatten, kein Kalk
Ribes petraeum **Felsen-Johannisbeere**	1,7 m grünlich gelb					✿	✿							Frucht: rot Schatten
Rosa elliptica **Keilblättrige Rose**	2 m rosa					✿	✿							Frucht: rot Herbstlaub: gelb Sonne, duftend
Rosa majalis **Zimt-Rose**	2 m rosa					✿	✿							Frucht: rot noch Halbschatten duftend
Rosa pendulina **Alpenrose**	2 m rosa					✿	✿							Frucht: rot Herbstlaub: gelb, rot auch Schatten

Bild rechts: Strauchwicken blühen früh und zeigen auch im Herbst noch einige Blüten.

Wissenschaftlicher Name Deutscher Name	Höhe max Blütenfarbe	J	F	M	A	M	J	J	A	S	O	N	D	Herbst / Winter Bemerkung
Rosa sherardii **Samt-Rose**	2 m rosa					✿	✿							Frucht: rot Sonne, duftend
Rosa spinosissima **Pimpinell-Rose**	1 m weiß					✿	✿							Frucht: schwarz Herbstlaub: rot, gelb Sonne, Kalk, duftend
Rosa tomentosa **Filz-Rose**	2 m rosa					✿	✿							Frucht: rot Sonne, duftend
Salix hastata **Spieß-Weide**	1,5 m gelb					✿	✿							Frucht: grau Herbstlaub: gelb
Viburnum opulus 'Compactum' **Gewöhnlicher Schneeball**	1,5 m weiß					✿	✿							Frucht: rot Herbstlaub: gelb, orange
Rosa agrestis **Acker-Rose**	2 m weiß						✿							Frucht: rot Herbstlaub: gelblich Sonne, duftend
Rosa × francofurtana **Frankfurter Rose**	1,6 m rot						✿							Frucht: rot Sonne, duftend
Rosa dumalis **Vogesen-Rose**	2 m rosa						✿	✿						Frucht: rot Sonne, duftend
Rosa marginata **Raublättrige Rose**	2 m rosa						✿	✿						Frucht: rot Sonne, duftend
Rosa pseudoscabriuscula **Falsche Filz-Rose**	2 m rosa						✿	✿						Frucht: rot Sonne, duftend
Rosa × terebinthinacea **Therbinthin Rose**	2 m rosa						✿	✿						Frucht: rot Sonne, duftend
Rosa villosa **Apfel-Rose**	2 m rosa						✿	✿						Frucht: rot noch Halbschatten, duftend
Cytisus nigricans **Schwarzwerdener Geißklee**	1,5 m gelb						✿	✿	✿					Frucht: schwarz Sonne, Kalk, duftend
Hedera helix 'Arborescens' **Strauch-Efeu**	2 m grün									✿	✿			Frucht: schwarz immergrün Schatten

Im Herbst leuchten in der niedrigen Hecke die Farben der Blätter und Früchte um die Wette: Zwergschneeball und Mannsblut.

Wer profitiert noch von Wildstrauchhecken?

Hecken sind der Lebensraum in Mitteleuropa, wo pro Fläche die meiste Blattmasse produziert wird. Dieser hohen Produktivität entspricht eine enorm hohe Zahl an Tierarten, die die Blätter nutzen. In Hecken gibt es immer einen schattigen Bereich im Inneren und eine sonnige Außenseite, am Rand einen blütenreichen Saum. Viele Tierarten brauchen genau diese Vielfalt an Kleinklimata und Pflanzenarten in den verschiedenen Stadien ihres Lebens.

Vor allem Vögel benötigen Hecken, um Nester anzulegen. Heckenpflanzen brauchen ihrerseits Vögel für ihre Verbreitung: Die Früchte der Heckenpflanzen haben meist einen Geschmack oder eine Farbe (Rot), die Vögel bevorzugen. Nach dem Verzehr scheiden die Vögel die unverdaulichen Samen an anderer Stelle wieder aus und säen sich so ihre bevorzugten Nahrungspflanzen selbst an. Es gibt zwar bei uns keine knallroten, von Vögeln bestäubten Blumen (s. S. 13), im Herbst leuchtet es den Vogelaugen dafür aus allen Hecken karotinrot entgegen.

In oder an der Hecke kann ein Totholzbiotop angelegt werden. Nicht nur Rosenkäferlarven entwickeln sich im Totholz: Ein Drittel der Tierarten in baumdominierten Landschaften ist direkt oder indirekt abhängig von Totholz. In Freiflächen können Baumstämme und Wurzeln, zusammen mit einer entsprechenden Bepflanzung, zu romantisch anmutenden Bereichen angeordnet werden.

Bild rechts: Herbstfärbung der Pimpinell-Rose

Niedrige und mittelhohe Wildstrauchhecken anlegen und pflegen

Heckenpflanzen werden am besten im Herbst gepflanzt, so haben die Gehölze Zeit, über den Winter anzuwachsen, und müssen im darauffolgenden Sommer nicht mehr gegossen werden. Vor der Pflanzung wird auf dem Pflanzstreifen der vorhandene Bewuchs entfernt und die Erde gelockert. Für eine niedrig bleibende frei wachsende Hecke reicht eine Breite von etwa einem Meter, bei mittelhohen – zwei bis drei Meter hohen – Hecken sollten es mindestens zwei Meter sein. Dann werden die Pflanzen in die Mitte des Streifens gesetzt.

Statt nun die Erde mit Rindenmulch abzustreuen, wird eine Staudenmischung eingesät, damit sich ein blütenreicher und strukturreicher Heckensaum entwickeln kann. Erst durch den Saum bekommt die Hecke ihren vollen Wert als Lebensraum, denn viele Tiere, die in Hecken leben, brauchen auch die Stauden, die im Saum wachsen. Um die gepflanzten Sträucher herum, die wir am besten mit einem Holzpflock markieren, kann die Saumeinsaat gejätet werden, das Jätegut kann, wenn es noch keine Samen gebildet hat, als Mulch im Wurzelbereich der Gehölze liegen bleiben.

Frei wachsende Wildstrauchhecken werden, wenn sie anfangen zu vergreisen, im Abstand von zehn bis zwanzig Jahren durch abschnittsweises Auf-den-Stock-Setzen verjüngt. Bei kleineren Flächen können wir die Pflanzen auch einzeln verjüngen, indem wir vergreiste Stämmlinge herausschneiden. Dies empfiehlt sich insbesondere bei Rosen, die Nährstoffe eher überirdisch speichern und ein Auf-den-Stock-Setzen manchmal nicht vertragen.

Rotkehlchen und Pfaffenhütchen

Hohe Wildstrauchhecke

Süßer Gesang

Rotkehlchen *(Erithacus rubecula)* kommen den Gärtnerinnen und Gärtnern oft geradezu körperlich nahe. Wenn im Frühjahr Beete abgeräumt werden oder der Boden im Nutzgarten für die herannahende Saison vorbereitet wird, ist da oft ein Rotkehlchen, das hinter oder vor der Grabegabel nach aufgescheuchten Insekten jagt. Ganz mutige Exemplare setzen sich manchmal sogar direkt darauf. Schon im Februar läutet der perlende Gesang der Rotkehlchen das Frühjahr ein und lässt auf Rotkehlchen-Nachwuchs hoffen. Leider sind die immer leicht pummelig wirkenden Vögel mit der leuchtend roten Brust und den schwarzen Knopfaugen im Sommer oft

Bilder links: Rotkehlchenbrot und herbstliche Pracht im Naturgarten nicht mehr wahrnehmbar. Das liegt hauptsächlich daran, dass die Winterrotkehlchen meist eine geliehene Freude sind. Sie stammen aus Skandinavien und überwintern bei uns nur, viele der mitteleuropäischen Rotkehlchen verbringen den Winter ihrerseits etwas weiter südlich. Dazu kommt, dass auch Rotkehlchen im Sommer weniger singen, obwohl sie zu den besonders sangesfreudigen Vögeln gehören. Oft sind sie auch mitten in der Nacht zu hören – und werden dann mit Nachtigallen verwechselt. Sogar die Weibchen singen und besetzen im Winter Reviere.

In Dörfern und Städten ist es für die Vögel nicht so einfach, einen Platz für ihr Nest zu finden, denn Rotkehlchen brüten nicht in Bäumen, sondern dicht am Boden, unter Brombeeren, in Baumstümpfen oder in Nestern anderer Vögel. Das sind leider alles Plätze, wo sie Beutegreifern leicht zum Opfer fallen, und da gibt es in Siedlungen eine hohe Dichte durch die immer beliebter werdende Katzenhaltung. Hier helfen Hecken und Gehölzgruppen aus möglichst stacheligen Wildsträuchern. Zum Pfaffenhütchen passen also Wildrosen, Berberitze oder Weißdorn.

Herbstfeuer

Auch wenn sich das Rotkehlchen hauptsächlich von Insekten und anderen Kleintieren, auch Schnecken, ernährt, wird es im Herbst – wenn aus den Sträuchern die Früchte für Vögel attraktiv rot leuchten – zum Vegetarier und bevorzugt schmackhafte Beeren.

Vor allem das Pfaffenhütchen *(Euonymus europaea)* ist beliebt, sodass dieser Großstrauch manchmal Rotkehlchenbrot genannt wird. Für uns Menschen sind die exotisch pink-orange gefärbten Früchte hochgiftig, nur wenige Beeren können bei Kindern zu schweren Vergiftungen führen. Deshalb ist das Pflanzen von Pfaffenhütchen auf Kinderspielplätzen verboten. Wo wir sicher sein können, dass alle wissen, dass die attraktiv aussehenden Früchte nicht gegessen werden dürfen, können wir aber mit dem Pfaffenhütchen »Rotkehlchen pflanzen«. Dann dürfen wir uns an der Farbigkeit der Früchte freuen, die von einer leuchtend roten Herbstfärbung der Blätter unterstrichen wird.

Im Gegensatz zu den Früchten sind die Blüten unscheinbar, sie sondern ihren Nektar freigebig ab und werden hauptsächlich von Fliegen bestäubt. Die Zweige des Pfaffenhütchens sind das ganze Jahr über grün und bringen mit ihren auffälligen Korkleisten einen besonderen grafischen Aspekt in den Wintergarten. Der Name »Spindelstrauch« rührt daher, dass aus dem harten Holz des Pfaffenhütchens früher Spindeln gedrechselt wurden. Im Garten können wir es überall dort pflanzen, wo der Boden nicht zu trocken oder zu sauer ist, auch Halbschatten oder gar Vollschatten verträgt es neben voller Sonne gut.

Bild rechts: Wolliger Schneeball und Deutsche Mispel im Herbst

Hohe Wildstrauchhecken

Das Pfaffenhütchen ist eine typische Pflanze der Wildstrauchhecken in der traditionellen Kulturlandschaft. Diese Hecken wurden angelegt, um das Vieh dort, wo es von Hirten gehütet wurde, von den Kornfeldern abzuhalten, und später – als es auf Weiden gehalten wurde – auf den Weiden einzuhegen. Stacheldraht wurde erst Mitte des neunzehnten Jahrhunderts erfunden. Die Hecken waren aber nicht nur Grenze, sie boten auch Wildobst oder Früchte alter Obstsorten, Laubheu oder Material für Werkzeug und Hausbau.

Auch in großen Gärten können wir entweder an der Grenze oder mittendrin solche Gebüsche aus höher werdenden Gehölzen anlegen. Für eine Großstrauchhecke brauchen wir einen Streifen von mindestens vier Meter Breite, besser mehr, damit noch ein Staudensaum die Hecke begleiten kann. Steht diese Fläche nicht zur Verfügung, können wir Mittelstrauchhecken oder Kleinstrauchhecken anlegen (s. S. 119). Oder wir pflanzen unseren Lieblingsgroßstrauch als Solitär (s. S. 111) oder Kleinbaum (s. S. 135).

Bei der Planung einer Hecke oder Gehölzgruppe ist es gut, wenn wir eine Art als Leitpflanze mehrfach pflanzen. Dann hat das Auge einen Ankerpunkt und die Pflanzung wirkt rhythmisch gegliedert und damit gestaltet.

Die Pflanzen: Hohe Wildstrauchhecke

Wissenschaftlicher Name Deutscher Name	Höhe max Blütenfarbe	J	F	M	A	M	J	J	A	S	O	N	D	Herbst / Winter Bemerkung
Cornus mas **Kornelkirsche**	6 m gelb			✿	✿									Frucht: rot Herbstlaub: gelb klimafest
Corylus avellana **Gewöhnliche Hasel**	5 m gelb			✿	✿									Frucht: grün, braun Herbstlaub: gelb
Salix daphnoides **Reif-Weide**	10 m gelb			✿	✿									Frucht: grau Herbstlaub: gelb feuchter Boden, kalkliebend, duftend
Salix purpurea **Purpur-Weide**	6 m rot, später gelb			✿ ✿	✿ ✿									Frucht: grau Herbstlaub: gelb kalkliebend, duftend
Salix caprea **Sal-Weide**	7 m gelb			✿	✿	✿								Frucht: grau Herbstlaub: gelb
Juniperus communis **Gewöhnlicher Wacholder**	3 m gelblich				✿	✿								Frucht: blau immergrün, duftend
Prunus spinosa **Schlehe**	3 m weiß				✿	✿								Frucht: blau Herbstlaub: gelb
Prunus padus **Gewöhnliche Trauben-Kirsche**	10 m weiß				✿	✿								Frucht: schwarz Herbstlaub: gelb, orange, rot duftend
Salix cinerea **Grau-Weide**	5 m gelb				✿	✿								Frucht: grau duftend
Salix myrsinifolia **Schwarz-Weide**	4 m gelb				✿	✿								Frucht: grau
Salix triandra **Mandel-Weide**	4 m gelb				✿	✿								Herbstlaub: gelb
Sambucus racemosa **Roter Holunder**	4 m weiß				✿	✿								Frucht: rot Herbstlaub: gelb
Viburnum lantana **Wolliger Schneeball**	4 m weiß				✿	✿								Frucht: rot, schwarz Herbstlaub: gelb, orange
Crataegus laevigata **Zweigriffliger Weißdorn**	5 m weiß					✿								Frucht: rot Herbstlaub: gelb, orange
Berberis vulgaris **Gewöhnliche Berberitze**	3 m gelb					✿	✿							Frucht: rot
Crataegus monogyna **Eingriffliger Weißdorn**	6 weiß					✿	✿							Frucht: rot Herbstlaub: gelb, orange, rot klimafest

Wissenschaftlicher Name Deutscher Name	Höhe max Blütenfarbe	J	F	M	A	M	J	J	A	S	O	N	D	Herbst / Winter Bemerkung
Euonymus europaeus **Europäisches Pfaffenhütchen**	6 m grünlich weiß					✿	✿							Frucht: rot, orange Herbstlaub: gelb, orange, rot
Ilex aquifolium **Europäische Stechpalme**	5 m weiß					✿	✿							Frucht: rot immergrün duftend
Laburnun anagyroides **Gewöhnlicher Goldregen**	8 m gelb					✿	✿							Frucht: braun duftend
Malus sylvestris **Wild-Apfel**	10 m weiß, rosa					✿✿	✿✿							Frucht: gelb, rot duftend
Mespilus germanica **Echte Mispel**	6 m weiß					✿	✿							Frucht: braun Herbstlaub: gelb, orange klimafest
Rhamnus cathartica **Purgier-Kreuzdorn**	3 m grünlich					✿	✿							Frucht: schwarz duftend
Rosa × salaevensis (R. dumalis × R. pendulina) **Pillnitzer Vitamin-Rose**	4 m rosa					✿	✿							Frucht: rot Herbstlaub: gelb duftend
Salix pentandra **Lorbeer-Weide**	5 m gelb					✿	✿							Frucht: weiß braucht feuchten Boden, duftend
Sambucus nigra **Schwarzer Holunder**	7 m weiß					✿	✿							Frucht: schwarz duftend
Staphylea pinnata **Gefiederte Pimpernuss**	5 m weiß					✿	✿							Frucht: weiß, grün Herbstlaub: gelb duftend, klimafest
Viburnum opulus **Gewöhnlicher Schneeball**	4 m weiß					✿	✿							Frucht: rot Herbstlaub: gelb, orange
Philadelphus coronarius **Großer Pfeifenstrauch**	3 m weiß					✿	✿	✿						duftend
Rosa rubiginosa **Wein-Rose**	3 m rosa					✿	✿	✿						Frucht: rot duftend
Frangula alnus **Echter Faulbaum**	5 m grünlich weiß					✿	✿	✿	✿	✿				Frucht: rot, schwarz Herbstlaub: gelb
Rosa glauca **Rotblättrige Rose**	3 m rosa, weiß						✿✿							Frucht: rot Laub: gelb, orange
Ligustrum vulgare **Gewöhnlicher Liguster**	5 m weiß						✿	✿						Frucht: schwarz Herbstlaub: violett duftend

Hohe Wildstrauchhecken anlegen und pflegen

Anlage und Pflege einer Gehölzpflanzung sind auf S. 119 beschrieben.

Wenn unser Garten an die freie Landschaft angrenzt oder eine Hecke in der Feldflur gepflanzt werden soll, ist es wichtig, standortheimische Pflanzen zu setzen. Das sind Pflanzen, die aus Samen gezogen wurden, die in unserer Region gesammelt wurden. Nur so wird weitgehend sichergestellt, dass auch die sehr feinen vererbten Eigenschaften der Pflanzen vorhanden sind, zum Beispiel Passung von Blattaustrieb und Raupenlebenszeit, von Blütezeit und Flugzeit der Bestäuber, oder schlicht dass die Chemie in der Zusammensetzung der Blätter zur Tierwelt passt. Standortheimisches (autochtones) Pflanzgut kann bei Forstbaumschulen bezogen werden, manche Kommunen haben Programme, um diese für unsere Natur besonders wertvollen Pflanzen an die Bevölkerung abzugeben.

In der Landschaft und in großen Gärten können wir die Hecken übrigens auch traditionell »knicken«, statt sie auf den Stock zu setzten. Dabei werden die Sträucher nur halb angeschnitten und dann umgeknickt, gegebenenfalls später noch kunstvoll verflochten. So bleiben Sichtschutz und Schutz vor unerlaubtem Betreten auch bei einer gerade verjüngten Heckenpflanzung erhalten. Außerdem müssen die Tiere, die den schattigen Heckeninnenraum bewohnen, nicht fliehen, denn dieser bleibt, wenn auch verkleinert, erhalten.

Eine abwechslungsreiche frei wachsende Wildstrauchhecke

Wer profitiert noch von hohen und breiten Hecken?

Wie bei zahlreichen Heckenpflanzen werden die Blätter des Pfaffenhütchens von vielen Insekten genutzt, darunter acht Falterarten wie der Stachelbeerspanner. An den Blüten saugt das Waldbrettspiel Nektar. Die Pfaffenhütchen-Gespinstmotte kann manchmal ganze Pflanzen in ihr Gespinst einweben. Die Pflanzen überstehen solch eine intensive Nutzung aber meist unbeschadet und treiben wieder aus, wenn die Falter geschlüpft sind. Damit nicht ganze Heckenbereiche eingesponnen werden, sollten Pfaffenhütchen nicht in Gruppen gepflanzt werden.

Für Vögel sind Hecken ein wichtiger Lebensraum, da sie dort Brutplatz, Rückzugsraum und vielfältige Nahrungsangebote finden (s. auch S. 118). Hier finden sich viele verschiedene Standortqualitäten: ein eher schattiger Innenraum, eine halbschattige, sonnenabgewandte Seite und eine Sonnenseite, jeweils mit Krautsaum, demnach eine Vielzahl an Kleinklimata. Gerade wechselwarme Tiere, und das sind fast alle Tierarten bei uns mit Ausnahme der Säugetiere und der Vögel, finden dort immer ein Plätzchen, das ihnen zusagt. Allerdings ziehen Hecken auch Beutegreifer wie Eichhörnchen, Marder, Fuchs und Sperber an, sie laufen oder fliegen lineare Hecken gerne ab. Deshalb sollten Schnitthecken und frei wachsende Hecken nicht in der Brutzeit der Vögel geschnitten werden und Gehölzgruppen möglichst nicht linear, sondern eher fleckenartig angelegt werden.

Bilder links: Wacholder (links) und Rotblättrige Rose (rechts) können auch auf kalkarme, sandige Böden gepflanzt werden.

Dompfaff und Eberesche

Kleine Bäume

Ebereschen heißen nicht umsonst Vogelbeeren

Nein, Vogelbeeren *(Sorbus aucuparia)* sind nicht giftig, wie so oft zu hören ist. Sie sind nur zu bitter für menschliche Geschmacksnerven, nicht jedoch für die der Vögel. Schon im Juli leuchten die roten Beeren und bald hören wir dann die melancholischen Rufe des Dompfaffs *(Pyrrhula pyrrhula)*, auch Gimpel genannt. Verpaarte Männchen und Weibchen versichern sich so ständig gegenseitig ihres Da-Seins. Der knallrote Bauch des Dompfaff-Männchens leuchtet dabei im herbstlicher werdenden Licht mit den Vogelbeeren um die Wette.

Bilder links: Ebereschen werden knapp zehn Meter hoch (oben links), noch kleiner bleibt der Burgenahorn, ein nur halb so hoch werdender Baum der trockenheißen Standorte (oben rechts).

Vögel können Rottöne besonders gut sehen und viele Pflanzen, die zur Ausbreitung auf Vögel setzen, haben möhrenrote Früchte. Wenn in Skandinavien die Ebereschen schon früh im Winter leer gefressen sind, wandern Vogelarten, die Vogelbeeren bevorzugen, nach Mitteleuropa. Manchmal gesellen sich zu den Gimpeln dann auch die wunderschönen Seidenschwänze.

Die Eberesche – ein schöner Baum für alle Jahreszeiten

Ebereschen sind das ganze Jahr über attraktiv: Im Frühsommer blühen sie mit auffälligen weißen Schirmrispen. Der merkwürdige Geruch der Blüten zieht vor allem Käfer und Fliegen an, aber auch Bienen finden dort Nektar und Pollen. Die kleinen Apfelfrüchte färben sich schon im Sommer und schmücken den Baum so lange, bis alle »Beeren« in Vogelmägen verschwunden sind. Der Name »Vogelbeere« deutet an, dass die Früchte früher als Lockfutter beim Vogelfang genutzt wurden.

Ebereschen sind sogenannte Bäume 3. Ordnung, bleiben also – für einen Baum – recht klein, meist werden sie nicht höher als acht bis fünfzehn Meter. Das fiedrige Laub ist die ganze Vegetationsperiode über schön anzusehen und leuchtet im Herbst oft feuerrot auf. Der Baum ist eher licht aufgebaut und so kann auch unter Ebereschen noch viel wachsen. Wir können sie gut als prägenden Solitär in den Garten pflanzen und mit einem Blumenbeet als Hofstaat umgeben. Auch als Akzent in einer frei wachsenden Hecke bietet die Eberesche dem Auge das ganze Jahr über einen orientierenden Rhythmus.

Bäume: Freunde der Menschen

Bäume mit ihren großen Kronen, ihrem aufrechten Stamm haben Menschen immer schon angesprochen. Mit ihrer individuellen Gestalt wirken sie wie Persönlichkeiten. Kaum jemand sieht mit Freuden, wenn ein Baum gefällt wird. Schöne Bäume geben deshalb Freiflächen eine unverwechselbare Identität. Gleichzeitig füllen sie ein enormes Volumen mit Blättern, Ästen: Lebensraum für viele Tiere. Forscher konnten in einer einzigen Eiche mehr als eintausend Insektenarten zählen. Leider ist nur auf wenigen Freiflächen im besiedelten Raum genug Platz für große Eichen. Deshalb sind klein bleibende Bäume, wie die Eberesche, dort besonders wertvoll. Auch einige Großstraucharten können zu kleinen Bäumen erzogen werden.

Baumarten und Straucharten der trockenheißen Felshänge, wie sie zum Beispiel an Rhein und Nahe vorkommen, sind in Zeiten der Klimaerwärmung besonders interessant – und ökologisch viel wertvoller als die oft genannten Exoten. Zu den empfohlenen einheimischen Arten gehören zum Beispiel Flaum-Eiche *(Quercus pubescens),* der Burgenahorn *(Acer monspessulanum),* aber auch Mehlbeere *(Sorbus aria)* und Elsbeere *(Sorbus torminalis),* zwei weitere Sorbus-Arten, die ebenfalls am Ende des Sommers mit ihrer leuchtenden Herbstfärbung den Garten schmücken.

Wer profitiert noch von Ebereschen und anderen Wildfruchtgehölzen?

So wie sich der Dompfaff eigentlich hauptsächlich von Samen ernährt, bei der Vogelbeere aber eine Ausnahme macht, gibt es etliche weitere Vogelarten, die von Vogelbeeren angelockt werden, obwohl sie sonst größtenteils anderes fressen. Auch die Mönchsgrasmücke, sonst eher eine Insektenfresserin, liebt Vogelbeeren. Zusätzlich haben Mönchsgrasmücken Holunderbeeren zum Fressen gern – und die schwarzen Beeren des Holunders *(Sambucus nigra)* machen sich neben den roten Früchten der Eberesche in einer hohen Wildfruchthecke auch optisch sehr gut (s. S. 163). Ein ähnlicher Effekt ist von Vogelkirschen *(Prunus avium)* bekannt, da fangen selbst Buntspechte an, Früchte zu fressen. All diese Vogelarten gesellen sich zu den Vögeln, die rund ums Jahr Früchte als Hauptnahrung suchen, das sind vor allem Drosseln wie Amsel, Singdrossel, Misteldrossel oder die Rotdrossel, die wie der Seidenschwanz aus Skandinavien im Winter bei uns einwandert.

Neben dreiundsechzig Vogelarten nutzen auch Säugetiere – insgesamt zwanzig Arten – die Früchte der Eberesche. Sie sind zum Beispiel bei Bilchen wie Gartenschläfer oder Siebenschläfer sehr beliebt. Der Name »Eberesche« weist auf die historische Funktion des Baumes in der Schweinemast hin.

Das Laub der Eberesche ist wichtige Nahrungsgrundlage für viele Tiere, darunter Käfer und Schmetterlinge. So ernähren sich von ihren Blättern die Raupen von vierundzwanzig verschiedenen Schmetterlingsarten, zum Beispiel das Waldbrettspiel oder das Kleine Nachtpfauenauge.

Die Pflanzen: Kleine Bäume

Wissenschaftlicher Name	Höhe max Blütenfarbe	J	F	M	A	M	J	J	A	S	O	N	D	Herbst / Winter Bemerkung
Klein bleibende Bäume														
Salix vimialis **Korb-Weide**	10 m gelb			✿	✿									feuchter Boden, kalkliebend
Quercus pubescens **Flaum-Eiche**	15 m grünlich				✿	✿								klimafest
Acer campestre **Feld-Ahorn**	15 m grünlich					✿								Herbstlaub: gelb, orange klimafest
Sorbus aria **Gewöhnliche Mehlbeere**	12 m weiß					✿	✿							Frucht: rot Herbstlaub: orange, braun klimafest
Sorbus aucuparia **Eberesche**	10 m weiß					✿	✿							Frucht: rot Herbstlaub: gelb, orange nicht in der Nähe von befestigten Flächen
Sorbus torminalis **Elsbeere**	15 m weiß					✿	✿							Frucht: gelb, braun Herbstlaub: gelb, orange, rot klimafest
Sorbus domestica **Speierling**	15 m weiß					✿	✿							Frucht: gelb, braun Herbstlaub: gelb, orange
Großsträucher, die zu Kleinbäumen erzogen werden können														
Cornus mas **Kornelkirsche**	6 m gelb			✿	✿									Frucht: rot Herbstlaub: gelb klimafest
Salix daphnoides **Reif-Weide**	10 m gelb			✿	✿									Frucht: grau Herbstlaub: gelb feuchter Boden, kalkliebend, duftend
Salix caprea **Sal-Weide**	7 m gelb			✿	✿	✿								Frucht: grau Herbstlaub: gelb
Acer monsspessulanum **Französischer Ahorn**	8 m gelbgrün				✿	✿								Herbstlaub: gelb klimafest
Prunus mahaleb **Felsen-Kirsche**	6 m weiß				✿	✿								Frucht: rot, schwarz klimafest, duftend
Prunus padus **Gewöhnliche Trauben-Kirsche**	10 m weiß				✿	✿								Frucht: schwarz Herbstlaub: gelb, orange, rot duftend

Bild rechts: Weißdorn im Herbst

Wissenschaftlicher Name	Höhe max Blütenfarbe	J	F	M	A	M	J	J	A	S	O	N	D	Herbst / Winter Bemerkung
Crataegus monogyna **Eingriffliger Weißdorn**	6 m weiß					✿	✿							Frucht: rot Herbstlaub: gelb, orange, rot klimafest
Ilex aquifolium **Europäische Stechpalme**	5 m weiß					✿	✿							Frucht: rot immergrün duftend
Laburnun anagyroides **Gewöhnlicher Goldregen**	8 m gelb					✿	✿							Frucht: braun duftend
Malus sylvestris **Wild-Apfel**	10 m weiß, rosa					✿ ✿	✿ ✿							Frucht: gelb-rot duftend
Mespilus germanica **Echte Mispel**	6 m weiß					✿	✿							Frucht: braun Herbstlaub: gelb, orange klimafest
Salix pentandra **Lorbeer-Weide**	5 m gelb					✿	✿							Frucht: weiß feuchter Boden
Sambucus nigra **Schwarzer Holunder**	7 m weiß					✿	✿							Frucht: schwarz duftend
Staphylea pinnata **Gefiederte Pimpernuss**	5 m weiß					✿	✿							Frucht: weiß, grün Herbstlaub: gelb klimafest, duftend
Frangula alnus **Echter Faulbaum**	5 m grünlich weiß					✿	✿	✿	✿	✿				Frucht: rot, schwarz

Baumpflanzungen anlegen und pflegen

Wenn wir Bäume pflanzen, sollte uns bewusst sein, dass ihre Wurzeln unterirdisch viel mehr Raum brauchen, als der kleine Container oder Ballen einnimmt, mit dem wir den Baum pflanzen. Die Wurzeln wachsen weit über den Bereich der Krone hinaus – das können durchaus zehn oder zwanzig Meter sein. Am besten steht der Baum auf einer angemessen großen, begrünten Fläche. Im Wurzelbereich des Baumes sollte möglichst kein Rasen angelegt werden. Stattdessen planen wir eine Bepflanzung, die lockeren Boden mit einer Humusauflage aus Laub erlaubt, zum Beispiel ein Beet mit Stauden (s. S. 39 und S. 42) und Kleingehölzen oder einen Saum, der nur einmal oder zweimal im Jahr geschnitten wird.

In der Nähe von befestigten Flächen sollten einem Baum mindestens 12 Kubikmeter spezielles Straßenbaumsubstrat zur Verfügung stehen. Leider vertragen ausgerechnet Ebereschen die Nähe befestigter Flächen nicht, dort werden widerstandsfähigere Arten gepflanzt, zum Beispiel Feld-Ahorn. Das Straßenbaumsubstrat eignet sich übrigens hervorragend für die Bepflanzung mit einheimischen Wildstauden.

Größere Bäume sollten im Herbst gepflanzt werden, dann wachsen sie am erfolgreichsten an. Im ersten Jahr müssen sie ausreichend gegossen werden, zehnmal mit jeweils etwa einhundert Litern, egal, ob es viel regnet oder nicht. Nach der Pflanzung sollte ein Pflanzschnitt erfolgen, der die Blattmasse an die verminderte Wurzelmasse angleicht.

Wenn wir größere Exemplare pflanzen, besteht die Gefahr, dass durch den Wind, der den noch locker sitzenden Baum bewegt, die gerade gebildeten Feinwurzeln immer wieder abreißen. Also muss der Baum befestigt werden, aber ohne den Ballen zu schädigen. Mit dem klassischen Baumpfahl, der vor dem Pflanzen des Baumes in die Grube geschlagen wird (s. S. 111), kann nur ein Baum, der ohne Ballen (»nacktwurzlig«) geliefert wurde, befestigt werden, denn der Pfahl sollte nicht durch den Ballen getrieben werden (ein Pfahl neben dem Ballen wäre zu weit vom Stamm entfernt). Für Ballenware brauchen wir einen Dreibock.

Kugelbäume in den Gärten zeigen, dass sich viele Menschen Bäume wünschen, aber keinen Platz für einen »richtigen« Baum haben oder zu haben glauben. Diese künstlich aussehenden Geschöpfe passen kaum in einen naturnahen Garten. Neben der Pflanzung einer von Natur aus klein bleibenden Baumart können auch Großsträucher so erzogen werden, dass ihre Gestalt einem kleinen Baum gleicht. Dafür werden nach und nach die Seitenäste von unten entfernt und die Zahl der Stämmlinge auf ein bis drei reduziert. Vor allem Kreuzdorn, Weißdorn und Kornelkirsche entwickeln dann schöne kleine Kronen, ohne dass wir ständig daran herumschneiden müssen.

Bilder links: Kornelkirschen bringen als Erste Farbe in den Garten (oben), ihre Früchte (unten rechts) sind essbar, genauso wie die der Deutschen Mispel (unten links).

Glockenblumen-Scherenbiene und Rundblättrige Glockenblume

Lebensraum Dachbegrünung

Bienenhotel einmal anders

Viele Menschen möchten etwas gegen das Insektensterben tun. Das Bündeln von Bambusstängeln und Anbohren von Holzstücken für Wildbienennisthilfen ist dabei eine beliebte Aktion in der Umweltbildungsarbeit. Was unseren Tieren aber fehlt, sind Lebensräume, und da sind angebohrte Holzstücke nur ein kleiner Aspekt.

Glockenblumen-Scherenbienen *(Osmia rapunculi)* sind ein gutes Beispiel. Sie besiedeln tatsächlich gerne Löcher in Wildbienennisthilfen, wenn diese kleine Durchmesser haben. Bevorzugt werden Löcher mit einem Durchmesser von

Bilder links: Pflanzen für höhere Substratdicken: Buchs, Sand-Nelke, Wimper-Perlgras und Schwarzwerdender Geißklee (unten links) sowie Pfirsichblättrige Glockenblume (unten rechts).

3,5 Millimetern. Das Bohren mit dünnen Bohrmeißeln ist nicht so einfach wie mit dicken und deshalb haben leider viele selbst gebastelte und gekaufte Nisthilfen nur wenige oder gar keine kleinen Löcher. Glockenblumen-Scherenbienen sammeln Pollen ausschließlich an Glockenblumen, die in unserer ausgeräumten Feldflur kaum mehr zu finden sind. In Städten und Dörfern ist diese Bienenart noch häufiger anzutreffen, denn sie besuchen auch als Zierpflanzen beliebte Glockenblumen-Arten aus dem südlichen Europa wie die Karpatenglockenblume *(Campanula carpatica)* oder die Ranken-Glockenblume *(Campanula poscharskyana)*. Außerdem findet sich in Städten und Dörfern auch ohne Wildbienennisthilfe das eine oder andere wurmstichige Holz.

Mit Glockenblumen bieten wir den Bienen tatsächlich ein »Glockenblumen-Scherenbienen-Hotel«, denn während die Weibchen in oder nahe den Niströhren übernachten, schlafen die Männchen bevorzugt in Glockenblumenblüten. Ein Tipp für Fotografen, die gute Wildbienenfotos machen wollen: Gehen Sie an einem frühen Sommermorgen, wenn die Temperatur noch unter 16 Grad Celsius liegt, zu Ihren Glockenblumen. Sie haben eine gute Chance, dort schlafende Glockenblumen-Scherenbienen oder andere Wildbienen anzutreffen. Wer einmal versucht hat, die flinken Insekten am Tag, wenn es warm ist, zu fotografieren, wird die von der Kälte noch steifen Fotoobjekte zu schätzen wissen.

Zarte Schönheit in rauer Umgebung

Besonders beliebt bei Glockenblumen-Scherenbienen, aber auch bei Naturgärtnerinnen und Naturgärtnern ist die Rundblättrige Glockenblume *(Campanula rotundifolia)*. Dies zierliche Blümchen integriert sich gut in jede Fläche und blüht den ganzen Sommer über. Es liebt trockene, sonnige und magere Standorte und sät sich dort immer weiter aus, ohne lästig zu werden.

Die ersten Blätter sind tatsächlich rundlich und die Rosetten oft sehr klein und leicht zu übersehen. Wenn die ersten Blütenstängel mit den schmalen Stängelblättchen erscheinen, werden sie leider oft mit einem Gras verwechselt – und bei mancher Pflegeaktion gejätet. Also Obacht beim Jäten in Beeten, wo diese zarte Schönheit wächst. Je magerer der Boden ist, desto dichter webt sie ihr feines Blau über die Flächen.

Wie bei allen Glockenblumen-Arten können die Blätter und Blüten in der Küche genutzt werden. Die Namen der sehr ähnlichen einjährigen Rapunzel-Glockenblume *(Campanula rapunculus)* und der Acker-Glockenblume *(Campanula rapunculoides)* erinnern daran, dass Glockenblumen früher wie Feldsalat (Rapunzel) als Salatbeigabe verwendet wurden.

Bilder rechts: Begrünung eines Tiefgaragendaches (links)
Thymian liebt trockenheiße Dächer und bietet vielen Insekten Nahrung (rechts).

Dachbegrünungen

Grüne Dächer bieten, gerade in Zeiten des Klimawandels, große Chancen für dicht besiedelte Räume. Im Schnitt wird auf ihnen die Hälfte des Niederschlags zurückgehalten und muss nicht in der Kanalisation abgeführt werden. Statt zu Hochwässern beizutragen, verdunstet das Wasser nach dem Regenereignis und trägt durch die Verdunstungskälte in Hitzeperioden zur Abkühlung des überhitzten Stadtklimas bei. Dachbegrünungen schützen die Dachabdichtungen vor UV-Licht und Windsog und sorgen durch die niedrigere Umgebungstemperatur dafür, dass Fotovoltaik-Anlagen mehr Strom produzieren.

Es werden extensive und intensive Dachbegrünungen unterschieden. Extensive Begrünungen sind mit 6 bis 15 Zentimetern relativ dünn, werden nur zu Pflegearbeiten betreten und auch in Trockenperioden nicht gegossen. Intensive Begrünungen sind eher ein Garten auf dem Dach, dort ist das Substrat dicker aufgetragen und auf diesen Dächern darf richtig gegärtnert werden: Es kann (muss aber nicht) gegossen und gedüngt werden. Auch einige Gehölze finden in der dickeren Substratschicht genügend Raum für ihre Wurzeln.

Die Pflanzen: Lebensraum Dachbegrünung

Wissenschaftlicher Name *Deutscher Name*	*Höhe* *Blütenfarbe*	J	F	M	A	M	J	J	A	S	O	N	D	*Herbst / Winter* *Bemerkung*
Draba verna **Frühlings-Hungerblümchen**	25 cm weiß			✿	✿	✿								einjährig
Saxifraga granulata **Körnchen-Steinbrech**	40 cm weiß			✿	✿	✿								
Papaver argemone **Sand-Mohn**	30 cm rot				✿	✿								wintergrün einjährig
Globularia bisnagarica **Gewöhnliche Kugelblume**	30 cm blauviolett				✿	✿	✿							wintergrün
Potentilla verna **Frühlings-Fingerkraut**	15 cm gelb				✿	✿	✿							wintergrün
Thymus praecox **Früher Thymian**	5 cm rosa					✿	✿							wintergrün duftend
Filipendula vulgaris **Kleines Mädesüß**	50 cm weiß					✿	✿	✿						wintergrün
Ranunculus bulbosus **Knolliger Hahnenfuß**	25 cm gelb					✿	✿	✿						
Biscutella laevigata **Glattes Brillenschötchen**	30 cm gelb					✿	✿	✿	✿					
Linum austriacum **Österreichischer Lein**	60 cm blau					✿	✿	✿	✿					
Silene nutans **Nickendes Leimkraut**	60 cm weiß					✿	✿	✿	✿					duftend
Petrorhagia prolifera **Sprossendes Nelkenköpfchen**	50 cm rosa					✿	✿	✿	✿	✿				wintergrün einjährig
Silene vulgaris **Gewöhnliches Leimkraut**	30 cm weiß					✿	✿	✿	✿	✿				wintergrün duftend
Calendula arvensis **Acker-Ringelblume**	20 cm orange					✿	✿	✿	✿	✿	✿			wintergrün einjährig
Campanula rotundifolia **Rundblättrige Glockenblume**	25 cm blauviolett					✿	✿	✿	✿	✿	✿			wintergrün
Hieracium pilosella **Kleines Habichtskraut**	25 cm gelb					✿	✿	✿	✿	✿	✿			wintergrün
Dianthus sylvestris **Stein-Nelke**	40 cm rosa						✿	✿						wintergrün
Sedum acre **Scharfer Mauerpfeffer**	8 cm gelb						✿	✿						wintergrün
Sedum sexangulare **Milder Mauerpfeffer**	15 cm gelb						✿	✿						wintergrün
Veronica teucrium **Großer Ehrenpreis**	30 cm lichtblau						✿	✿						
Allium lusitanicum **Berg-Lauch**	30 cm lila						✿	✿	✿					

Wissenschaftlicher Name Deutscher Name	Höhe Blütenfarbe	J	F	M	A	M	J	J	A	S	O	N	D	Herbst / Winter Bemerkung
Allium schoenoprasum **Schnitt-Lauch**	40 cm rotviolett						✿	✿	✿					
Anthemis tinctoria **Färber-Hundskamille**	50 cm gelb						✿	✿	✿					wintergrün Färberpflanze
Consolida regalis **Feld-Rittersporn**	50 cm blau						✿	✿	✿					wintergrün einjährig
Dianthus armeria **Raue Nelke**	40 cm rot						✿	✿	✿					wintergrün
Dianthus carthusianorum **Karthäuser-Nelke**	50 cm purpurrot						✿	✿	✿					wintergrün
Echium vulgare **Gewöhnlicher Natternkopf**	70 cm blau						✿	✿	✿					wintergrün zweijährig
Euphorbia cyparissias **Zypressen-Wolfsmilch**	30 cm gelbgrün						✿	✿	✿					
Sedum album **Weiße Fetthenne**	10 cm weiß						✿	✿	✿					wintergrün
Legousia speculum veneris **Echter Frauenspiegel**	20 cm blau						✿	✿	✿					einjährig
Prunella grandiflora **Großblütige Braunelle**	20 cm hellviolett						✿	✿	✿					
Sempervivum arachnoideum **Spinnweben-Hauswurz**	10 cm karminrot						✿	✿	✿					wintergrün
Teucrium chamaedrys **Edel-Gamander**	25 cm hellviolett						✿	✿	✿					wintergrün
Armeria maritima **Gewöhnliche Grasnelke**	20 cm rosa						✿	✿	✿	✿				immergrün
Dianthus deltoides **Heide-Nelke**	15 cm karminrot						✿	✿	✿	✿				wintergrün
Erodium circutarium **Gewöhnlicher Reiherschnabel**	40 cm rosa						✿	✿	✿	✿				wintergrün
Galium verum **Echtes Labkraut**	50 cm gelb						✿	✿	✿	✿				Färberpflanze duftend
Helianthemum nummularium **Gewöhnliches Sonnenröschen**	15 cm gelb						✿	✿	✿	✿				wintergrün
Origanum vulgare **Gewöhnlicher Dost**	40 cm rosalila						✿	✿	✿	✿				wintergrün
Jasione montana **Berg-Jasione**	50 cm blau						✿	✿	✿	✿	✿			wintergrün
Petrorhagia saxifraga **Steinbrech-Felsennelke**	20 cm rosa							✿						wintergrün
Hypericum perforatum **Johanniskraut**	60 cm gelb							✿	✿					Arzneipflanze
Gentiana cruciata **Kreuz-Enzian**	30 cm blau							✿	✿					

Fortsetzung nächste Seite

Wissenschaftlicher Name Deutscher Name	Höhe Blütenfarbe	J	F	M	A	M	J	J	A	S	O	N	D	Herbst / Winter Bemerkung
Sedum rupestre **Felsen-Fetthenne**	15 cm gelb							✿	✿					wintergrün
Centaurea stoebe **Gefleckte Flockenblume**	120 cm purpur							✿	✿	✿				wintergrün
Clinopodium vulgare **Gewöhnlicher Wirbeldost**	60 cm purpurrot							✿	✿	✿				
Hylotelephium telephium **Purpur-Waldfetthenne**	40 cm purpurrot							✿	✿	✿				
Sempervivum tectorum **Dach-Hauswurz**	30 cm rosarot							✿	✿	✿				wintergrün
Thymus pulegoides **Arznei-Thymian**	30 cm rosapurpur							✿	✿	✿				wintergrün duftend
Galatella linosyris **Goldhaaraster**	60 cm gelb								✿	✿				
Gräser														
Briza media **Gewöhnliches Zittergras**														
Carex flacca **Blaugrüne Segge**														
Festuca guestfalica **Westfälischer Schafschwingel**														
Koeleria glauca **Blaugrünes Schillergras**														
Melica ciliata **Wimper-Perlgras**														

Leben auf dem Dach

Wird nur wenig gedüngt und nicht gewässert, schaffen wir auf dem Dach, ähnlich wie auf Schotterbeeten und Sandbeeten, einen der blütenreichen, mageren, besonnten Lebensräume, die – mit den Pflanzen und Tieren, die dort leben – immer mehr aus unseren Landschaften verschwinden. Nicht alle Pflanzen und Tiere der mageren Lebensräume kommen mit der Situation auf dem Dach gut zurecht, aber vor allem blütenbesuchende Insekten und manche Schmetterlingsraupe werden sich schnell ansiedeln. Je besser die Tiere fliegen können, desto schneller wandern sie ein. Werden Dächer nicht als Garten genutzt, sind sie relativ wenig gestörte und katzenarme Räume, die inzwischen auch seltene Bodenbrüter als Brutplatz für sich entdeckt haben. Sogar Austernfischer und Flussregenpfeifer haben schon auf Dächern gebrütet.

Zarte Schönheiten auf dem Dach: Feld-Rittersporn (links) und Rundblättrige Glockenblume (rechts)

Dabei können wir durch Kleinigkeiten die Qualität dieses Lebensraums weiter erhöhen: Eine Vogeltränke oder eine kleine Wasserfläche bietet Vögeln eine katzenfreie Trink- und Bademöglichkeit. Aufhügelungen, zum Beispiel über tragenden Wänden, können mit niedrigen Gehölzen bepflanzt werden und bieten dann schattige Rückzugsräume, wenn die Sonne brennt. Totholz erhöht das Gewicht der Begrünung kaum und bringt Totholzbewohner auf das Dach, Sandflächen können Sandbewohner anlocken.

Wenn das Substrat, zum Beispiel auf Tiefgaragen, dicker aufgebracht werden kann, ist über dem Boden fast kein Unterschied zu einem normalen Garten zu erkennen und fast alle anderen Tiere, die in diesem Buch beschrieben werden, können auf das Dach eingeladen werden. Bäume und Sträucher brauchen jedoch sehr dicke, ungefähr einen Meter hohe Substratschichten und eine gute und dauerhafte Befestigung, damit sie bei Sturm nicht mit dem Ballen umgeweht werden.

Echter Traubengamander ist ein kleines immergrünes Halbgehölz, das sich gut zur Dachbegrünung eignet.

Dachbegrünungen anlegen und pflegen

Vor dem Anlegen einer Dachbegrünung muss als Erstes geklärt werden, ob die Unterkonstruktion die zusätzliche Last tragen kann. Da kommt man um eine Anfrage beim Ingenieurbüro nicht herum. Dann müssen Entwässerung, wurzelfeste Dichtung und Aufkantung an den Dachkanten geklärt und gebaut werden. Schließlich kann die Vegetationstragschicht aufgebracht werden – meist wird sie vom Silowagen aus aufgeblasen und man muss sie nur noch glattziehen.

Einfach, fehlerfreundlich und ohne großen Aufwand an zusätzlichen Kunststoffen sind Einschichtbegrünungen. Dabei wird auf Drainageplatten, Drainageschicht und Vlies verzichtet und stattdessen eine spezielle Drainageschicht, die keine organischen Bestandteile enthält, bepflanzt und eingesät. Das ist auch auf Dachgärten mit höherem Substrataufbau möglich und funktioniert sehr gut. Zeolithe, die wir als Ionenaustauscher aus Waschmitteln kennen, speichern die Nährstoffe für die Pflanzen und geben sie, wie die Ton-Humus-Komplexe im Boden, langsam an die Wurzeln ab. Dafür müssen sie einmal mit Mineraldünger aufgeladen werden, was bei einheimischen Wildpflanzen meist für mehrere Jahre ausreicht. Denn das Dach ist ein künstlicher Standort ohne kapillare Verbindung zu tieferen Bodenschichten. Lehmiger Boden und Kompost verschlämmen und eignen sich deshalb nicht zur Dachbegrünung, gut luftführende Substrate aus Lava und Bims haben sich dagegen bewährt.

Dächer können bepflanzt oder eingesät werden, meist werden einige Pflanzen gesetzt, dann wird noch Saatgut aufgebracht. Wer Tiere fördern will, achtet darauf, einheimische Wildpflanzen zu verwenden, und darunter ist bestimmt auch die Rundblättrige Glockenblume. Wer sie aussät, hat oft den Eindruck, die Samentüte sei leer, denn die Samen dieser Glockenblumenart sind staubfein, man kann die einzelnen Körner kaum erkennen. Das ist einer der Gründe, warum wir beim Aussäen von Saatgutmischungen und Einzelsaaten das Saatgut am besten mit leicht feuchtem Sand mischen. Auch auf dem Dach wird es nur obenauf gestreut und dann mit der Walze oder einem Schaufelblatt angedrückt. Dächer, die einsehbar sind, können, auch wenn sie nur extensiv begrünt sind, wie kleine Gärten gestaltet werden, indem wir mit einzelnen Pflanzenarten unterschiedliche Farbflächen anlegen.

Bilder links oben: Wimper-Perlgras (links) und Großblütige Braunelle (rechts)
unten: Sandlinse und Totholz bereichern die Dachbegrünung.

Zaunrüben-Sandbiene und Zaunrübe

Lebensraum Begrünung an Fassade und Zaun

Schlüssel und Schloss am Zaun

Der Garten kann so viel mehr sein als der mehr oder weniger horizontale Boden unseres Grundstücks! Gerade bei kleinen Gärten sollten auch die vertikalen Flächen, also Zäune, Sichtschutzwände und Fassaden, als mögliche Gartenfläche betrachtet werden. Für Naturgärtner bieten auch diese Flächen die Möglichkeit, Lebensräume zu gestalteten, zum Beispiel für die hochspezialisierte Zaunrüben-Sandbiene *(Andrena florea)*. Diese Biene kommt nur dort vor, wo es Zaunrüben gibt, denn sie

Bild links unten: Der perfekte Minigarten auf zwei Quadratmetern: Blumenschotterrasen, lauschiger Sitzplatz und ein Vogelbad zum Entspannen zwischen Zaunrüben-Sandbienen
oben links: Im Herbst ist Efeu eine wichtige Nektar- und Pollenquelle, hier ist eine Schwebfliege (die Mistbiene) im Anflug.

sammelt Pollen und Nektar ausschließlich an diesen Pflanzen. Zur Blütezeit können Zaunrüben-Sandbienen dort in großer Zahl erscheinen, ihr Gewimmel erinnert dann durchaus an Honigbienen. Sogar vom Aussehen her könnte man eine Zaunrüben-Sandbiene auf den ersten Blick mit einer Honigbiene verwechseln, allerdings ist sie, genauer betrachtet, dann doch viel kleiner. Und selbst an ihren Nistplätzen denkt mancher vielleicht zuerst an Honigbienen. Jedes einzelne Sandbienenweibchen nistet zwar wie die meisten anderen Wildbienen in einem eigenen Hohlraum, den es an einer sonnigen, nicht bewachsenen Stelle in den Boden gräbt. Die Weibchen bauen ihre Nester aber gerne in der Nachbarschaft anderer Zaunrübenbienen.

Bis vor einigen Jahren kamen Zaunrüben-Sandbienen nur in Süddeutschland vor, inzwischen haben sie ihr Verbreitungsgebiet nach Norddeutschland ausgeweitet.

Die Rotbeerige Zaunrübe

Wer sich dieses besondere Naturerlebnis in den Garten holen möchte, sollte darauf achten, dass unter den Zaunrübenpflanzen auch ein männliches Exemplar ist.

Mehrheitlich sind Blüten zwittrig, enthalten also weibliche (Griffel) und männliche (Staubblätter) Fortpflanzungsorgane. Bei manchen Pflanzenarten gibt es aber weibliche Blüten und männliche Blüten. Diese verschiedengeschlechtlichen Blüten können auf derselben Pflanze sein. In anderen Fällen, wie bei der Rotbeerigen Zaunrübe *(Bryonia dioica)*, sind sie auf verschiedenen Pflanzen, es gibt dann weibliche und männliche Pflanzen. Das ist ein Weg, die für die Gesundheit der Nachkommen ungünstige Selbstbefruchtung zu verhindern. Da die Bienenweibchen hauptsächlich Pollen für ihre Larven in die Brutröhren eintragen, finden sie sich vor allem auf den männlichen Pflanzen, den Pollenspendern. Auch die Männchen warten dort auf die Weibchen. Es ist also empfehlenswert, mehrere Exemplare auszusäen oder zu pflanzen. Neben der Zaunrüben-Sandbiene besuchen weitere Wildbienenarten die zahlreich erscheinenden Zaunrübenblüten beiderlei Geschlechts.

Der Schmuckwert dieser Pflanze beruht hauptsächlich auf den fünfzählig gelappten Blättern und den elegant geschwungenen Ranken. An ihnen können wir gut die Verwandtschaft zu Kürbis und Zucchini erkennen. Allerdings sind die roten Beeren nicht essbar, sondern giftig (genauso wie bittere Zucchini, Gurken und Kürbisse). Die Pflanze liebt kalkhaltigen, eher nährstoffreichen Boden und freut sich hin und wieder über etwas Dünger, sollte der Boden nährstoffarm sein.

In Süddeutschland gibt es auch die Weiße Zaunrübe *(Bryonia alba)*, die schwarze Beeren bekommt. Bei ihr gibt es weibliche und männliche Blüten auf derselben Pflanze, es werden also alle Pflanzen von der Zaunrüben-Sandbiene besucht. Beide Zaunrüben-Arten können zwei bis vier Meter hoch klettern.

Nach der Blüte verschönern die Samenstände der Alpen-Waldrebe diesen Weidenparavent.

Kletterstauden und Klettergehölze

Zaunrüben sind Stauden. Die oberirdischen Teile der Pflanze sterben also im Herbst ab. Sie eignen sich vor allem für Zäune und Sichtschutzwände, wo es nicht so schlimm ist, wenn sie im Winter nicht begrünt sind, oder zur Begrünung von Südwänden, wo im Winter die Strahlungswärme genutzt, im Sommer aber die Hitze von der Wand abgehalten werden soll.

Kletterstauden können gut mit Klettergehölzen kombiniert werden. Gehölze haben auch im Winter lebende Teile über der Erde, ihre Äste verholzen und werden mit der Zeit immer dicker. Die meisten Gehölze bei uns verlieren im Winter ihre Blätter, das gilt auch für diejenigen, die wir zum Begrünen von Fassaden und Zäunen nutzen können. Nur der Efeu *(Hedera helix)* packt Häuser auch im Winter in einen grünen Pelz. In der Landschaft ranken diese Kletterpflanzen an anderen Gehölzen nach oben, entweder an Strauchsäumen und Waldrändern oder im Wald. So sind Efeu und Hopfen *(Humulus lupulus)* typische Pflanzen des Auwaldes, die Zaunrübe aber eine Pflanze der Hecken und Strauchsäume.

Die Wald-Wicke hat interessante, zart violett gestreifte weiße Blüten.

Die Pflanzen: Lebensraum Begrünung an Fassade und Zaun

Wissenschaftlicher Name *Deutscher Name*	*Höhe* *Blütenfarbe*	J	F	M	A	M	J	J	A	S	O	N	D	*Wuchstyp*
Kletterstauden														
Vicia cassubica **Kaschuben-Wicke**	60 cm violettrot-weiß						✿	✿						Ranker
Lathyrus pratensis **Wiesen-Platterbse**	60 cm gelb						✿	✿	✿					Ranker
Lathyrus tuberosus **Knollen-Platterbse**	60 cm karminrot						✿	✿	✿					Ranker
Solanum dulcamara **Bittersüßer Nachtschatten**	2 m violett						✿	✿	✿					Spreitzklimmer
Vicia cracca **Vogel-Wicke**	1 m blauviolett						✿	✿	✿					Ranker
Vicia dumetorum **Hecken-Wicke**	2 m purpur						✿	✿	✿					Ranker
Vicia sylvatica **Wald-Wicke**	2 m weißlich lila						✿	✿	✿					Ranker
Bryonia dioica **Rotbeerige Zaunrübe**	3 m weiß						✿	✿	✿	✿				Ranker
Calystegia sepium **Gewöhnliche Zaunwinde**	3 m weißrosa						✿	✿	✿	✿				Ranker
Corydalis claviculata **Europ. Rankenlerchensporn**	1 m weiß						✿	✿	✿	✿				Ranker
Humulus lupulus **Gewöhnlicher Hopfen**	10 m gelbgrün							✿	✿					Schlinger
Lathyrus latifolius **Breitblättrige Platterbse**	1,5 m purpurrosa							✿	✿					Ranker
Lathyrus sylvestris **Wald-Platterbse**	2 m rosa grünlich							✿	✿					Ranker

Die Gartenform 'Splendens' der Kriechenden Rose ist halbgefüllt (links).
Hier rankt die Alpen-Waldrebe in einen Quittenbaum hinein (rechts).

Wissenschaftlicher Name *Deutscher Name*	*Höhe* *Blütenfarbe*	J	F	M	A	M	J	J	A	S	O	N	D	*Wuchstyp*
Klettergehölze														
Clematis alpina **Alpen-Waldrebe**	2 m blau, weiß, rosa					✿	✿	✿						Ranker
Clematis alpina 'Alba' **Alpen-Waldrebe 'Alba'**	2 m weiß					✿	✿	✿						Ranker
Lonicera caprifolium **Echtes Geißblatt**	5 m weiß, gelb, rot					✿	✿							Schlinger
Rosa × polliniana 'Affabilis' **Kriechrose 'Affabilis'**	2 m gefüllt rosa						✿							Spreitzklimmer
Rosa × polliniana **Kriechrose**	50 cm rosa						✿							Spreitzklimmer
Clematis vitalba **Gewöhnliche Waldrebe**	8 m weiß						✿	✿	✿					Ranker
Lonicera periclymenum **Deutsches Geißblatt**	3 m weiß, rosa, gelb						✿	✿	✿					Schlinger
Rosa arvensis **Kriechende Rose**	2 m weiß							✿						Spreitzklimmer
Rosa arvensis 'Splendens' **Kriechnde Rose 'Splendens**	2 m weiß, rosa, halbgefüllt							✿						Spreitzklimmer
Hedera helix **Gewöhnlicher Efeu**	20 m grün									✿	✿	✿		Selbstklimmer immergrün, Schatten

Lebensraum Vertikalbegrünung

Die Begrünung von Zäunen und Fassaden wird in Zeiten der menschengemachten Klimaerwärmung in unseren Dörfern und Städten immer wichtiger, denn die Stauden und Gehölze kühlen die Umgebung durch die Verdunstung von Wasser aus ihren Atemöffnungen ab. Dabei sind Gehölze mit ihren tief reichenden Wurzeln im Vorteil. Alle Begrünungen binden Feinstaub und können bei Starkregenereignissen eine gewisse Menge Wasser speichern. Fassadenbegrünungen beschatten zusätzlich die Wände unserer Häuser.

Wenn wir einheimische Arten verwenden, können wir sicher sein, auch einen Lebensraum für viele Tiere zu schaffen. So werden die Blüten des Efeus zum Beispiel von der Efeu-Seidenbiene *(Colletes hederae)* genutzt. Diese Art wurde erst vor wenigen Jahren entdeckt, sie hat ein eher südliches Verbreitungsgebiet und kommt in Norddeutschland nicht vor. Efeu blüht sehr spät und versorgt auch noch im Oktober und November Insekten mit Nektar. Die Efeu-Seidenbiene fliegt, im Gegensatz zu allen anderen Wildbienen bei uns, zu dieser späten Jahreszeit – ein schönes Beispiel für die gemeinsame Evolution eines Blüte-Bestäuber-Paares.

Für Vögel sind großvolumige Fassadenbegrünungen als Nistplatz interessant, die Fassade ist eine der wenigen Flächen im besiedelten Raum, zu denen Katzen keinen Zutritt haben.

Hopfen eignet sich gut für Nord- und Ostwände.

Besonders wichtig: erst planen, dann pflanzen!

Neben der Zaunrübe eignen sich weitere Stauden zur Begrünung von Zaun und Wand, zum Beispiel Breitblättrige Blatterbse *(Lathyrus latifolius)*, Wald-Wicke *(Vicia sylvatica)* oder Hopfen. Im Fall von Zäunen und Sichtschutzwänden fungieren diese zugleich als Rankhilfen. An Fassaden müssen dagegen Konstruktionen aus Draht oder Holz als Rankhilfen extra befestigt werden. Dabei haben Stauden den Vorteil, dass diese Hilfen für sie nicht sehr massiv sein müssen, denn das Gewicht und der Durchmesser der Sprosse werden nicht wie bei Gehölzen mit jedem Jahr größer. Bei verholzendem Fassadengrün sollte vor der Begrünung immer sorgfältig geplant werden:

1. Kann ich die Wand mit einem Selbstklimmer, also ohne Rankhilfe, begrünen? Selbstklimmer wie Efeu wachsen in Risse und Spalten ein, die Wand muss dementsprechend intakt sein, der Selbstklimmer von Fenstern und dem Dach dauerhaft ferngehalten werden und die Wandkonstruktion muss tragfähig sein (keine Außendämmung).

2. Welche Rankhilfe braucht die Pflanze, mit der ich begrünen möchte? Spreizklimmer wie Kletterrosen *(Rosa)* brauchen eher waagerechte Rankhilfen, Schlinger wie Jelängerjelieber *(Lonicera periclymenum* und *Lonicera caprifolium)* eher vertikale und Ranker wie Wein *(Vitis vinifera)* solche, die vertikale und horizontale Elemente enthalten.

3. Passt der Durchmesser der Rankhilfe zu meiner Pflanze? Ranker benötigen dünne Rankhilfen, Schlinger und Spreizklimmer kommen auch mit dickeren zurecht.

Und 4. besonders wichtig: Welcher Abstand der Rankhilfe von der Wand soll gewählt werden? Er sollte größer sein als der zu erwartende Durchmesser der Triebe, das können bei vielen Klettergehölzen schon einmal bis zu 15 Zentimeter sein.

Bild links: Hier bekommen Fledermäuse Futter, denn das in der Nacht duftende Deutsche Geißblatt lockt Nachtfalter an.

Weidenmeise und Hohlzahn

Lebensraum Nutzgarten

Eigentlich kein typischer Gartenvogel

Jedes Jahr im Spätsommer und Herbst piepst es komisch in meinem Garten. Dann sind sie wieder da, die Weidenmeisen, und picken an den Samenständen des Gewöhnlichen Hohlzahns *(Galeopsis tetrahit)*. Optisch sind Weidenmeisen *(Poecile montanus)* nicht so einfach von der Schwesterart, der Sumpfmeise *(Poecile palustris)*, zu unterscheiden, aber ihr melodischer Ruf »dääh dääh dääh« weist die Vögelchen dann doch als Weidenmeisen aus. Hübsch wie ein chinesisches Aquarell sind sie mit ihrem hellbraunen Bauch, der dunkelbraunen Oberseite, schwarzer Kappe und ebensolchem Kinnfleck. Ihr spitzer Schnabel ist der eines Insektenfressers – warum sind sie dann aber am Hohlzahn zu finden?

Bild links unten: Hohlzahn

Die Samen vieler typischer »Unkräuter« sind bei Vögeln sehr beliebt, hier eine Weidenmeise mit Hirtentäschel.

Die Erklärung: Im Herbst und Winter fressen Weidenmeise und Sumpfmeise zusätzlich fetthaltige Samen, und da hat der Hohlzahn wohl einiges zu bieten. Die Samen sind so beliebt, dass die Meisen sie sammeln und in grobborkiger Rinde lagern. Übrigens legen sich sowohl Weidenmeisen als auch Sumpfmeisen solche Futterstellen für den Winter an. Ansonsten bewohnen die beiden Arten recht unterschiedliche Lebensräume. Sumpfmeisen bevorzugen abwechslungsreiche Laubmischwälder mit Unterholz und genügend Baumveteranen. Die Weidenmeisen wählen feuchtere Standorte in halboffenen Landschaften mit feuchten Gebüschen und Wäldern, wo sie für ihren Nestbau auf morsche Bäume angewiesen sind. Im Frühjahr naschen sie auch den Pollen der Weidenkätzchen.

Wer Unkraut auch mal stehen lässt, kann positive Überraschungen erleben

Der Gewöhnliche Hohlzahn ist ein typisches einjähriges »Unkraut«, ein Lippenblütler, der offene, gestörte, nährstoffreiche und gut feuchte Böden gerne besiedelt. Er ist Kulturfolger des Menschen und gilt Archäologen als Anzeiger früher Ackerbautätigkeit. In der Vergangenheit wurde die Pflanze auch wie Spinat genutzt und Öl aus ihren Samen gewonnen. Ihre Früchte liegen als zusammengewachsene Samenpakete in den recht stacheligen und die Blüten überdauernden Kelchen und fallen meist nicht von alleine aus. Erst wenn Tiere (oder Gärtnerinnen und Gärtner) an den sparrigen Pflanzen hängen bleiben und sie dadurch schütteln, werden die

Samen ausgestreut. Weidenmeise und Sumpfmeise werden durch ihre Vorratshaltung ebenfalls für die Verbreitung der Pflanze sorgen. Während andere Ackerwildkräuter wie Klatsch-Mohn, Korn-Rade und Kornblume einnehmende und weit leuchtende Schönheiten sind, muss man beim Hohlzahn schon genauer hinschauen: Die kleinen Lippenblüten sind hübsch anzusehen und die Gestalt der Pflanze ist auffallend symmetrisch und aufrecht, ein Hingucker ist sie aber nicht.

Nutzgarten 2.0. – Wildkräuter in der Küche nutzen statt Unkrautjäten

Jäten wir den Hohlzahn nicht, macht er uns im Spätsommer und Herbst mit seinen Samen das Geschenk, einen in Gärten eher seltenen Vogel beobachten zu können. Womit sich die Frage stellt, was genau eigentlich »Unkraut« ist. Für viele Gärtnerinnen und Gärtner ist es jede unbekannte Pflanze, die sich von selbst angesiedelt hat. Weil das in der Regel einheimische Wildpflanzen sind, werden naturnahe Gärten mit ihrer Fülle an einheimischen Wildpflanzen oft als »Unkrautgärten« wahrgenommen. Aber eigentlich ist »Unkraut« oder besser »unerwünschtes Beikraut« eine Pflanze, die die Funktion der Fläche beeinträchtigen würde, wenn wir sie stehen ließen.

Sieht man genau hin, mag manche Beeinträchtigung angesichts unvermuteter Vorteile in den Hintergrund treten. So kann es durchaus sinnvoll sein, das eine oder andere Beikraut einmal stehen zu lassen: Die Blüten von Gänsedistel und Co. locken Insekten an, die bei der Bestäubung von Fruchtgemüse wie Tomaten, Paprika oder Kürbis helfen. Und manche so angelockte Schwebfliege wird dann ihre Eier, aus denen die Larven, sehr hungrige Blattlausjäger, schlüpfen, in der Nähe von Bohnen oder Kohl ablegen. Mehr Wildpflanzen im Nutzgarten bringen ein Mehr an Tierarten, die als Teile eines sich selbst regulierenden ökologischen Netzes dabei helfen, dass es nicht zu Massenvermehrungen einzelner Arten kommt.

So können am Rand des Nutzgartens oder zwischen den Reihen von Nutzpflanzen einige typische »Unkräuter« wie der Hohlzahn stehen. Übrigens können wir etliche dieser spontan auftauchenden Kräuter auch als Wildgemüse nutzen. Dazu gehören Vogelmiere *(Stellaria media)*, Gänsefuß-Arten *(Chenopodium)* und Melden *(Atriplex)*, Klettenlabkraut *(Galium aparine)*, Ackertäschel *(Thlaspi arvense)*, Knoblauchsrauke *(Alliaria petiolata)*, Windenknöterich *(Fallopia convululus)*, Rainkohl *(Lapsana communis)*, Ackersenf *(Sinapis arvensis)*, Hirtentäschel *(Capsella bursa pastoris)*, Gänsedisteln *(Sonchus)*, Behaartes Schaumkraut *(Cardamine hirsuta)* oder Wegrauke *(Sisymbrium officinalis)*. Auch zweijährige Pflanzen, wie Klette *(Arctium lappa)* und Nachtkerzen *(Oenothera)*, können in der Küche Verwendung finden.

Biodiversität im Nutzgarten

Wer noch mehr tun möchte, als hin und wieder ein unerwünschtes Beikraut stehen zu lassen, verzichtet im Nutzgarten auf die Ernte einiger Pflanzen und lässt Kohl, Rote Bete oder Möhren auch einmal blühen. Das schmückt den Garten und zieht Insekten an. Der Schwalbenschwanz legt seine Eier nicht nur an Wilder Möhre, sondern auch an Kulturmöhren oder Fenchel ab. Bleiben Möhren über den Winter im Beet und lassen wir die Pflanzen im nächsten Jahr blühen und so lange stehen, bis die Falter geschlüpft sind, ernten wir statt Möhren Schwalbenschwänze! Blühende Kohlpflanzen sind geradezu umschwirrt von Wildbienen, vor allem Sandbienen, blühende Zwiebeln ziehen Maskenbienen ebenso an wie Hummeln und Schmetterlinge.

Auch die Weiden werden von zahlreichen Insekten genutzt und finden im Nutzgarten zur Produktion von Binde- und Flechtmaterial ihren Platz. Weidenkätzchen sind unverzichtbare Pollenspender für früh fliegende Wildbienen und Honigbienen, auch Weidenmeisen und andere Vogelarten fressen den Pollen und tragen so zur Bestäubung der Weiden bei. Weiden werden durch Tiere bestäubt und nicht durch den Wind, die deutlich sichtbaren Pollen sind somit für Allergiker kein Grund zur Panik. Sie werden nicht in die Luft entlassen, wie das zum Beispiel bei Haseln der Fall ist. Und manche Weidenkätzchen duften sogar, auch dies ein Charakteristikum der von Insekten bestäubten Pflanzen.

Weidenzäune im (Nutz-)Garten

Neben Hohlzahnsamen im Herbst brauchen Weidenmeisen das ganze Jahr über Weidengebüsche. Wer das Glück hat, feuchten Boden im Garten vorzufinden und einen sonnigen Standort, sollte Weiden pflanzen. Schön, wenn der Garten groß genug ist, sodass auch baumartige Weiden dort wachsen können. Weiden wachsen schnell und bilden weiches Holz, das bei Verletzungen schnell von Pilzen befallen und morsch wird. Dieses morsche Holz wird von vielen Tieren besiedelt. »Kopfweiden« werden regelmäßig geschnitten und haben deshalb viele morsche Stellen. Aber auch klein bleibende Weiden bieten Tieren viel Lebensraum und bringen den besonderen Charme der Weiden in kleine Gärten: Insbesondere die langblättrigen Arten wiegen sich im Wind und machen so die Bewegung der Luft wunderschön sichtbar. Weidenpflanzungen wie Kopfweiden, aber auch lebende Weidenzäune können sogar als Teil des Nutzgartens angelegt werden, zum Beispiel als Abgrenzung zum übrigen Garten oder an der Grundstückgrenze. Für diejenigen, die flechten können, sind Weiden ebenso Nutzpflanzen, denn sie liefern Flechtmaterial für Zäune, Beeteinfassungen und Erntekörbe, auch natürliches Bindematerial für Tomaten oder Himbeeren. Beeteinfassungen aus Weide halten nicht lange, das passt jedoch gut zur Dynamik von Biogärten und zur Kreativität der Biogärtnerinnen und Biogärtner.

Bild rechts oben: Die Blaugrüne Weide bleibt niedrig und verträgt etwas Schatten.
unten: Auch die Zweifarben-Weide wird nicht höher als zwei Meter, sie eignet sich so für kleine Gärten (links). Reif-Weiden haben interessante blau bereifte Rinde (rechts).

Die Pflanzen: Weiden für den Lebensraum Nutzgarten

Wissenschaftlicher Name Deutscher Name	Höhe max Blütenfarbe	J	F	M	A	M	J	J	A	S	O	N	D	Herbst / Winter Bemerkung
Salix caprea 'Silberglanz' **Sal-Weide 'Silberglanz'**	7 m gelb	✿	✿	✿	✿	✿						✿	✿	
Salix caprea **Sal-Weide**	7 m gelb			✿	✿	✿								
Salix daphnoides **Reif-Weide**	10 m gelb			✿	✿									kalkliebend feuchter Boden duftend
Salix daphnoides ssp. pomeranica **Pommersche Reif-Weide**	3 m gelb			✿	✿									kalkliebend duftend
Salix × erdingeri 'Schiebel' (S. daphnoides × S. caprea)	4 m gelb			✿	✿									
Salix hastata 'Wehrhahnii' **Spieß-Weide 'Wehrhahnii'**	1 weiß			❀	❀									
Salix purpurea **Purpur-Weide**	6 m rot, später gelb			✿ ✿	✿ ✿									kalkliebend duftend
Salix purpurea 'Nancy Saunders' **Purpur-Weide 'Nancy Saunders'**	2 m rot, später gelb			✿ ✿	✿ ✿									kalkliebend duftend
Salix × smithiana (S. viminalis × S. caprea) **Kübler-Weide**	6 m gelb			✿	✿									
Salix vimialis **Korb-Weide**	10 m gelb			✿	✿									kalkliebend feuchter Boden
Salix × doniana (S. repens × S. purpurea)	50 cm gelb				✿									
Salix bicolor 'Xantha' **Zweifarben-Weide**	1,5 m gelb				✿									
Salix repens ssp. dunensis **Dünen-Kriech-Weide**	50 cm gelb				✿									kalkliebend duftend
Salix alba **Silber-Weide**	20 m gelb				✿	✿								kalkliebend duftend
Salix appendiculata **Großblättrige Weide**	6 m gelb				✿	✿								kalkliebend
Salix aurita **Ohr-Weide**	2 m gelb				✿	✿								kein Kalk
Salix cinerea **Grau-Weide**	5 m gelb				✿	✿								duftend
Salix elaeagnos **Lavendel-Weide**	6 m gelb				✿	✿								kalkliebend duftend
Salix fragilis 'Bullata' **Kugel-Bruchweide**	4 m gelb, grün				✿ ✿	✿ ✿								kein Kalk duftend

Bild rechts: Purpur-Weide

Wissenschaftlicher Name Deutscher Name	Höhe max Blütenfarbe	J	F	M	A	M	J	J	A	S	O	N	D	Herbst / Winter Bemerkung
Salix myrsinifolia **Schwarz-Weide**	4 m gelb				✿	✿								
Salix repens **Kriech-Weide**	1 m gelb				✿	✿								kein Kalk duftend
Salix rosmarinifolea **Rosmarin-Weide**	1 m gelb				✿	✿								
Salix starkeana **Bleiche Weide**	1 m gelb				✿	✿								kein Kalk
Salix triandra **Mandel-Weide**	4 m gelb				✿	✿								
Salix triandra 'Semperflorens' **Mandel-Weide 'Semperflores'**	4 m gelb				✿	✿	✿	✿	✿	✿	✿			
Salix hastata **Spieß-Weide**	1,5 m gelb					✿	✿							
Salix myrtilloides **Heidelbeer-Weide**	50 cm gelb					✿	✿							kein Kalk
Salix pentandra **Lorbeer-Weide**	5 m gelb					✿	✿							feuchter Boden duftend
Salix alpina **Alpen-Weide**	50 cm rotviolett, grün						✿ ✿							kalkliebend
Salix foetida **Ruch-Weide**	2 m rotviolett, grün						✿ ✿							kein Kalk
Salix caesia **Blaugrüne Weide**	1 m rot, violett						✿ ✿	✿ ✿						
Salix waldsteinia **Bäumchen-Weide**	1 m gelb						✿	✿						kalkliebend
Salix glabra **Kahle Weide**	1,5 m gelb						✿	✿	✿					kalkliebend
Salix herbacea **Kraut-Weide**	10 cm gelb						✿	✿	✿					kein Kalk
Salix reticulata **Netz-Weide**	10 cm rot, gelb						✿ ✿	✿ ✿	✿ ✿					kalkliebend

Mönchsgrasmücke und Holunder

Lebensraum Kompost

Lieber im Winter nach England als ans Mittelmeer

Wenn die Beeren des Schwarzen Holunders *(Sambucus nigra)* reifen, fängt es im Strauch an zu rascheln und zu piepsen. Holunderbeeren scheinen Vögeln ähnlich gut zu schmecken wie Vogelkirschen oder Ebereschen (s. S. 131). Sechzig Vogelarten fressen die schwarzen Beeren, darunter auch solche, die sich sonst hauptsächlich von Insekten ernähren. Die Vögel fressen sich mit den Früchten, die viele wertvolle Inhaltsstoffe haben, einen Fettvorrat für den Winter oder für die Reise ins Winterquartier an.

Wer einen Holunder im Garten hat, wird zur Reifezeit der Beeren auf jeden Fall Mönchsgrasmücken *(Sylvia atricapilla)* beobachten können, ihnen scheinen

Bilder links: Holunder liebt nährstoffreiche Standorte und beschattet deshalb gerne den Kompost.

Holunderbeeren besonders gut zu schmecken. Im Gegensatz zu anderen Vogelarten in Dörfern und Städten, zum Beispiel Star oder Spatz, verzeichnen Vogelkundler bei dieser Art keinen Rückgang, sondern eine leichte Zunahme. Das liegt wahrscheinlich daran, dass immer mehr Mönchsgrasmücken im Winter in Mitteleuropa bleiben und nicht mehr ans Mittelmeer oder sogar nach Afrika fliegen. In Süddeutschland und Österreich hat sich sogar eine Population gebildet, die in Großbritannien überwintert und dort von den liebevollen Winterfütterungen der Briten profitiert. Diese Vögel kommen früher aus dem Winterquartier zurück und paaren sich hauptsächlich untereinander, weil die nach Süden ziehenden Mönchsgrasmücken zu dieser Zeit noch nicht da sind. Hier können wir die Evolution einer Unterart in Echtzeit beobachten.

Traditionell in der Nähe des Kompostes – der Holunder

Holunder liebt nährstoffreiche, gut mit Wasser versorgte, gerne auch etwas schattige Standorte. Als Pioniergehölz wächst er rasch, lebt aber nicht sehr lange. Er erscheint oft von selbst am Kompostplatz und wird auch gerne dort gepflanzt, weil dieser Großstrauch zu einem kleinen Baum erzogen werden kann, dessen Krone den Kompost im Sommer beschattet. Ähnlich wie bei Kürbissen, die neben sonnigen Komposthaufen wachsen, liefert er außerdem Blüten und Früchte für die Küche.

Aus den Blüten können wir Holunderblütensirup und Hollersekt herstellen oder sie als Hollerküchle in Pfannkuchenteig ausbacken. Der Saft der Früchte ist die Grundlage für Getränke und leckere Gelees. Holunderbeeren sollten nur in geringen Mengen roh gegessen werden, da alle Teile der Pflanze Blausäure abspaltende Zuckerverbindungen enthalten, in reifen Beeren ist der Blausäuregehalt relativ gering. Die giftigen Inhaltsstoffe werden beim Kochen zerstört. Mit dem intensiv färbenden Saft des Holunders kann man Wolle violett färben, früher wurde er auch zum Schönen von Rotwein verwendet.

Holunder wurde in vorchristlicher Zeit hoch geachtet, er galt als Sitz der Hausgeister und wurde mit der nordischen Gottheit Freya und Holla in Verbindung gebracht. Undenkbar war, ihn umzuhauen, und Männer zogen sogar den Hut, wenn sie an einem Holunderstrauch vorbeigingen. Manch einer tut das auch heute.

Ein gut geführter Kompost ist im Biogarten unerlässlich.

Kompost im Naturgarten

Aus Küchenabfällen kann wertvoller Kompost gewonnen werden, Kompostdüngung ist eines der Grundprinzipien des biologischen Anbaus. Gut mit Kompost versorgter Boden hält mehr Feuchtigkeit und speichert Kohlenstoff, der in Ton-Humus-Komplexen langfristig im Boden festgelegt wird. So ist Kompostwirtschaft ein Beitrag zur Anpassung an den Klimawandel, denn Böden, die Wasser gut aufnehmen, füllen die Grundwasserspeicher auf und ermöglichen den Pflanzen, das Wasser in Hitzeperioden aufzunehmen. Die Verdunstung des Wassers an den Blättern trägt zur Abkühlung der Umgebung bei. Die Kohlenstoffbindung im Humus ist sogar ein, wenn auch winziger, Beitrag zur Minderung des Treibhauseffekts.

Nun bevorzugen wir im Naturgarten ja eher die nährstoffarmen Standorte und auch bei der Neuanlage von Flächen eignet sich der Hauskompost nicht so gut, da er oft noch keimfähige Samen unerwünschter Kräuter enthält. In den meisten Gärten gibt es aber doch einige Nutzgartenbereiche, zum Beispiel in Hochbeeten oder als Beerenstrauchhecke. Dort kann der Kompost im zeitigen Frühjahr gut ausgebracht werden. Außerdem können wir mit ihm unter Sträuchern Überwinterungsquartiere für Igel, Blindschleichen oder Ringelnattern anlegen.

Kompostieren muss man lernen

Eine Kompostlege, egal, ob es sich um einen Schnellkomposter, einen offenen Holzkasten oder einen nicht gefassten Komposthaufen handelt, sollte überlegt gefüttert werden. Wichtig ist, dass sich das Material am Anfang erhitzt, damit möglichst viele Samen und Pilzsporen absterben. In Kompostwerken, die gütegesicherten Kompost produzieren, wird garantiert, dass der verkaufte Kompost diese Heißrotte durchlaufen hat. In Gartenkompostern wird sie oft nicht erreicht, dort übernehmen die Kompostwürmer die »Verdauung« des organischen Materials.

Wichtig ist ein ausgewogenes Verhältnis von Stickstoff und Kohlenstoff in dem zu kompostierenden Material. Deshalb sollten stickstoffreiche Küchenabfälle und stickstoffreicher Grasschnitt immer mit kohlenstoffhaltigen, holzigen Materialien gemischt werden. Enthält das Material zu viel Gehölzschnitt, kommt die Rotte nicht richtig in Gang, enthält es zu viele Küchenabfälle, fängt es leicht an zu faulen.

Ein Kompost ist auch ein kleiner Lebensraum, wo jene Tiere und Pilze einwandern, die genau zur Art des Beschickens und zum vorherrschenden Material passen. Das macht sich manchmal bemerkbar, wenn die Urlaubsvertretung den Kompost anders befüllt und dieser dann plötzlich verpilzt oder anfängt, unangenehm zu riechen.

Kompost und Böden – unsichtbares Leben

Im Kompost gedeiht das Bodenleben in besonderem Maße. Es ist geradezu unvorstellbar, wie viele Lebewesen Böden oder Humus bewohnen. In einer Handvoll Gartenerde sind das nicht nur etwa 100 Insekten und Milben, sondern auch siebeneinhalb Millionen Einzeller und 125 Millionen Bakterien!

Auch Säugetiere wie Igel, Amphibien wie Erdkröten und Reptilien lieben Komposthaufen, selbst solche, die regelmäßig bewirtschaftet werden. Gerade nichtlebendgebärende Schlangenarten, insbesondere Ringelnattern, lassen gerne ihre Eier in frischen Komposthaufen, die in der Phase der Heißrotte sind, ausbrüten. Bitte heißen Sie diese interessanten und völlig harmlosen Tiere willkommen. Immer noch werden Ringelnattern und auch Blindschleichen (die keine Schlangen sind, sondern zu den Eidechsen zählen) reflexartig erschlagen, wenn sie zufällig bei der Arbeit am Kompost gefunden werden. Dabei sind gerade Blindschleichen im Nutzgarten sehr willkommen, denn sie fressen Nacktschnecken für ihr Leben gern. Gleiches gilt übrigens für Spitzmäuse, die nun wiederum keine Mäuse, sondern Insektenfresser und damit Verwandte des Igels sind. Auch sie wohnen gerne in der Nähe des Komposthaufens und machen sich im Nutzgarten als Nacktschneckenvertilger nützlich.

Der Naturgarten als Retter der Biodiversität?

Ein Schritt unter vielen, aber einer, der jedem offen steht

Die Fläche aller Gärten in Deutschland ist größer als die Fläche unserer Naturschutzgebiete. Dies wird immer wieder als Argument für das enorme Potential angeführt, das Gärten für den Naturschutz im besiedelten Raum darstellen. Man kann das natürlich auch anders lesen: Die Fläche der Gebiete, wo die Biodiversität

Vorrang hat, ist kleiner als die Gesamtfläche der Gärten bei uns. So wird klar, wo das Problem eigentlich liegt: in der enormen Übernutzung unserer Landschaft. Die Gärten in Dörfern und Städten sind nicht so sehr Teil des Problems, sie können aber Teil der Lösung sein.

Wobei naturnahe Gärten nur ein kleiner Teil der Lösung sein können, denn viele besonders bedrohte Arten meiden Siedlungen. Aber in einer Zeit, wo nicht nur die empfindlichen Arten, die große, relativ unberührte Räume brauchen, immer weniger werden, sondern auch jene, die früher als Allerweltsarten kaum geachtet wurden, wird jede auch noch so kleine Fläche, auf der unsere Pflanzen und Tiere erwünscht sind, sehr wichtig. Eine Glockenblumen-Scherenbiene findet in einem naturnahen Garten oder auf einem Balkon mit vielen Glockenblumen und Nisthilfen vielleicht schon alles, was sie braucht. Aufgrund der intensiven Landnutzung außerhalb der Städte und Dörfer sind die besiedelten Räume oft artenreicher als die umgebende Landschaft. Viele Arten finden in der Stadt mehr Lebensraum als »auf dem Land«, aber nicht allen Arten steht dieser Weg offen.

Im Garten Natur schützen lernen

Die Freude an der Natur ist vielleicht die wichtigste Ernte im naturnahen Garten. Denn mit der Freude ist auch eine Form von Erkennen verbunden. Viele Naturgärtnerinnen und Naturgärtner begeistern sich für die Vielfalt an Tieren, die bei ihnen im Garten auftaucht, und werden zu Experten für manche Tier- oder Pflanzengruppe. Der beste Weg, Pflanzenarten kennenzulernen, ist sicherlich, diese Arten im eigenen Garten zu pflegen. Dann erkenne ich die Pflanze, wenn sie gerade gekeimt ist, weiß, wie sie vor, während und nach der Blüte aussieht. Und kann ermessen, wie selten manche Pflanzen, die ich in meinem Garten pflege, in der Landschaft geworden sind. Wer eine echte einheimische Felsenbirne *(Amelanchier ovalis)* im Garten hat oder einen Burgenahorn *(Acer monspessulanum)*, kann begreifen, wie wertvoll manche Standorte dieser Arten an den Felsen am Rhein oder an der Nahe sind. Kein Wunder, dass viele Naturgärtnerinnen und Naturgärtner auch aktive Naturschützer sind.

Besonders für Kinder wichtig

Am schönsten ist es, wenn Kinder in der Nähe ihrer Wohnung Natur begegnen können. Leider leben viele Kinder heute in Situationen, in denen das nicht mehr möglich ist. Für den Schutz unserer Biodiversität hat das dramatische Folgen, denn wir können tatsächlich nur solche Erkenntnisse auch wirklich emotional begreifen, die auf eigenem Erleben fußen. Wenn Kinder keine eigendynamische Natur und Artenvielfalt erleben können, werden Informationen über den Schwund der Biodiversität sie im späteren Leben nicht emotional berühren. Sie werden sich dann nicht für den Erhalt unserer Natur einsetzen.

Eigendynamische Natur zu erleben, ist aber auch ungeheuer wichtig für eine gesunde psychische Entwicklung. Dort, wo Kinder nicht aus Eigeninitiative naturnahe Räume erreichen können, ist es wichtig, die Natur zu den Kindern zu bringen. Das kann in der Kita oder Schule, in Parkanlagen oder im Garten sein. Selbst auf dem Balkon sind spannende Naturbegegnungen möglich. Ich wünsche uns allen, dass dieses Buch zu mehr naturnahen Flächen in Städten und Dörfern beiträgt.

Bild links: Natternkopf, Wiesen-Salbei und Taubenkropfleimkraut, blau-weißer Insektenmagnet

Die Autorin

Diplom-Biologin Ulrike Aufderheide aus Bonn plant seit 1994 naturnahe Gärten, öffentliche Flächen oder Außenanlagen von Kindergärten und Schulen. Mit ihrer Firma *Calluna – Naturnahe Garten und GrünPlanung* verwirklicht sie Gartenträume.

Gemeinsam mit ihren Kunden findet sie heraus, welche Funktionen der Garten haben soll, welche Bereiche des Grundstückes dafür jeweils am besten geeignet sind und welcher Stil zum Haus und zu den Bewohnern passt. Daraus entwickelt sie individuelle Gartenpläne, deren Umsetzung sie professionell begleitet. Bei ihrer Arbeit entstehen neue Lebensräume für Wildpflanzen und Wildtiere – und für die Gartenbesitzer und -besucher viele Möglichkeiten der unmittelbaren Naturerfahrung.

Im pala-verlag sind von Ulrike Aufderheide neben diesem Buch die Titel »Der sanfte Schnitt«, »Schöne Wege im Naturgarten«, »Kleiner Garten naturnah«, »Öffentliche und gewerbliche Grünflächen naturnah«, »Klimafest und artenreich – das Naturgartenprinzip«, »Die Rasen-Revolution« und zusammen mit Edwin Schröter »Workshop Korbflechten« erschienen.

Kontakt

Calluna
Naturnahe Garten- und GrünPlanung
Ulrike Aufderheide
Weißdornweg 78
53177 Bonn
E-Mail: aufderheide@calluna-naturgarten.de

Anhang

Zum Weiterlesen

- Aufderheide, Ulrike: *Die Rasen-Revolution.* pala-verlag
- Aufderheide, Ulrike: *Kleiner Garten naturnah.* pala-verlag
- Aufderheide, Ulrike: *Klimafest und artenreich – das Naturgartenprinzip.* pala-verlag
- Aufderheide, Ulrike: *Schöne Wege im naturnahen Garten.* pala-verlag
- David, Werner: *Fertig zum Einzug: Nisthilfen für Wildbienen.* pala-verlag
- David, Werner: *Lebensraum Totholz.* pala-verlag
- Fleischhauer, Steffen Guido, Guthmann, Jürgen & Roland Spiegelberger: *Enzyklopädie Essbare Wildpflanzen.* AT Verlag
- Pahler, Agnes: *Das Kompostbuch.* pala-verlag
- Polak, Paula: *Regenwasser nutzen – ein Geschenk für meinen Garten.* pala-verlag
- Settele, Josef, Steiner, Roland, Reinhardt, Rolf & Reinart Feldmann: *Schmetterlinge. Die Tagfalter Deutschlands.* Verlag Eugen Ulmer
- Westphal, Uwe: *Das große Buch der Gartenvögel.* pala-verlag
- Westrich, Paul: *Die Wildbienen Deutschlands.* Verlag Eugen Ulmer
- Witt, Reinhard: *Nachhaltige Pflanzungen und Ansaaten.* Verlag NaturGarten
- Witt, Reinhard: *Natur für jeden Garten.* Verlag NaturGarten

Informationen über Naturgärten

Verband deutscher Wildsamen- und Wildpflanzenproduzenten e. V.
www.natur-im-vww.de

Naturgarten e. V.
www.naturgarten.org

Bioterra
Zypressenstrasse 76
8004 Zürich / Schweiz
www.bioterra.ch

Info Flora
Das nationale Daten- und Informationszentrum der Schweizer Flora
www.infoflora.ch

Verein REWISA-Netzwerk
Tulpengasse 8 a
4400 Steyr / Österreich
www.rewisa.at

Stiftung Springzaad / Niederlande
www.springzaad.nl

Bezugsquellen

Saatgut einheimischer Wildpflanzen und Kleintopfstauden

Wildpflanzengärtnerei Strickler GbR
Wormser Straße 5
55234 Kettenheim
www.gaertnerei-strickler.de

Appels Wilde Samen GmbH
Brandschneise 2
64295 Darmstadt
www.appelswilde.de

Rieger-Hofmann GmbH
In den Wildblumen 7 – 13
74572 Blaufelden-Raboldshausen
www.rieger-hofmann.de

Hof Berg-Garten
Lindenweg 17
79737 Herrischried
www.hof-berggarten.de

Gärtnerei StaudenSpatz
Kreilhof 7
82386 Oberhausen
www.staudenspatz.de

Die Wildstaudengärtnerei
Neumühle 2
Waldibrücke
6274 Eschenbach / Schweiz
www.wildstauden.ch

UFA-Samen
Postfach 344
8401 Winterthur / Schweiz
www.ufasamen.ch

Voitsauer Wildblumensamen
Voitsau 8
3623 Kottes-Purk / Österreich
www.wildblumensaatgut.at

Wilde Blumen OG
Puchheimer Straße 9
4844 Regau / Österreich
www.wildeblumen.at

Nützliches für den Garten

Bioland Hof Jeebel GmbH & Co. KG
Jeebel 17
29410 Salzwedel OT Jeebel
www.biogartenversand.de

Manufactum GmbH & Co. KG
Hiberniastraße 5
45731 Waltrop
www.manufactum.de

Weitere Bücher aus dem pala-verlag

Ulrike Aufderheide:
Die Rasen-Revolution
ISBN: 978-3-89566-433-5

Sigrid Tinz:
Haufenweise Lebensräume
ISBN: 978-3-89566-389-5

Ulrike Aufderheide:
Klimafest und artenreich – das Naturgartenprinzip
ISBN: 978-3-89566-429-8

Brigitte Kleinod, Friedhelm Strickler:
Schön wild!
ISBN: 978-3-89566-367-3

Gesamtverzeichnis bei:
pala-verlag, Königstraße 43, 26180 Rastede, www.pala-verlag.de

Bibliografische Information der Deutschen Nationalbibliothek
Die Deutsche Nationalbibliothek verzeichnet diese Publikation
in der Deutschen Nationalbibliografie;
detaillierte bibliografische Angaben sind im Internet unter
http://dnb.d-nb.de abrufbar.

ISBN: 978-3-89566-388-8

www.pala-verlag.de
5. Auflage 2026
pala-verlag als Imprint der ökobuch Verlag GmbH
Königstr. 43, 26180 Rastede

Bildnachweis:
Seiten 8 (ob. re.), 20 (ob. li.), 29 (ob. re.), 44 (unten), 129: Farina Graßmann
Seiten 11 (unten), 27 (unten), 28 (u. re.), 62 (unten), 77, 78, 168: Henning Hinsenkamp
Seiten 20 (unten), 53 (u. li.), 88 (unten), 120, 128 (unten), 137: Karl Heinz Niehus
Seite 21: B. Waldmann / Sunbird Images, arco-images.de
Seite 45: Antje Schulte – Insects / Alamy Stock Photo
Seite 54 (u. li.): Sigrid Tinz
Seite 55: Matt Cole / FLPA, arco-images.de
Seite 71: Yakov Oskanov, 123rf.com
Seite 81: Hans-Georg Levin
Seite 89: Volker Fockenberg
Seiten 51 (ob. li.), 54 (oben), 82, 146 (ob. re.), 147: Heribert von Essen
Seite 155: ihelg, 123rf.com
Seite 156: hawk111, istockphoto.com
Seite 162 (oben): Christina Mann
Seite 163: Rolf Nussbaumer / NPL, arco-images.de
alle anderen Fotos: Ulrike Aufderheide
Umschlagfotos vorne: B. Waldmann / Sunbird Images, arco-images.de *(oben),*
Karl Heinz Niehus *(u. li. / u. re.),* Matt Cole / FLPA, arco-images.de *(u. Mitte)*

Wir danken Renate Froese-Genz für die Erlaubnis,
Fotos von ihr gestalteter Pflanzungen zu veröffentlichen (Seiten 19 und 36).

Lektorat: Angelika Eckstein

Druck und Bindung: Grafisches Centrum Cuno, Calbe
Printed in Germany

Gedruckt auf
100% Recyclingpapier